想讓你看見的100個便當

遠山正道　美味教室委員會

見せたくなるお弁当100

便當

人人都有經驗，
不隨時代改變，
有多少人，就有多少便當的回憶。
你我皆外行，
似遠又似近，
冰冷卻暖心。

便當，御便當，
你的便當，我的便當，他的便當。

記憶中的便當，
炸雞、煎蛋、白飯……，
看似理所當然，

卻是紐約、法國、
非洲沒有的東西，
十足日本味，
堪稱日本文化的代表。
想到我的母親，還有我，
我們都是肩負日本文化傳承的一份子，
想重新看待便當，
鄭重對便當道聲感謝。

啊，
你也早已是身處於便當文化之中的夥伴了。

遠山正道

關於「美味教室」

二〇一二年六月至十二月，於代官山的「山坡俱樂部」（Club Hillside），經營「東京湯儲」（Soup Stock Tokyo）等名店的遠山正道先生，以便當為主題，邀請與美食有淵源的各界人士擔任客座講師，一起思考「美味為何物？」。此一系列講座即名為「美味教室」。

每一場講座均有不同主題，講師與學員各自帶著專為主題製作的便當前來，眾人一邊品評，一邊回味心中自有的便當記憶，再與遠山先生及講師一起探尋「美味為何物」。

第一場至第七場的客座講師分別為

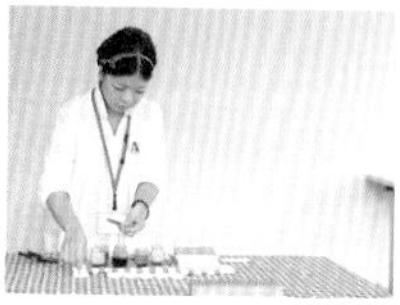

野村友里、KIGI、皆川明、松嶋啓介、小山薰堂、辻義一、佐藤卓。每一場的學員數皆超過三十人，等於分享了近三百個便當。

我們從遠山先生、客座講師及學員們為此講座所製作的便當中，精選出一百個，集結成這本書。

美味教室委員會

※本書根據文藝春秋「CREA WEB」連載之「遠山正道的便當大冒險」（二〇一二年七月～二〇一三年一月）內容編修而成。

遠山正道為大家介紹——「美味教室」七位客座講師

第一場客座講師

野村友里

（食物造型師）

第二場客座講師

KIGI

（植原亮輔、渡邊良重，藝術總監）

第三場客座講師

皆川　明

（服裝設計師）

友里並不是把食物擺第一的人，她是為了與喜歡的人交流、為了與之產生連結，而利用食物這個媒介。因此，她的料理並不誇張，也不講究淵源與技術，魅力在於獨特的份量。友里的便當，果然「便當如其人」。

我超喜歡這兩位的世界觀，喜歡他們的人、喜歡他們的作品，不折不扣展現出他們的世界觀。此外，他們的中餐和晚餐都是自己在工作室料理的。他們重視吃，不喜歡被討厭的事物包圍，當然也不喜歡把討厭的食物吃下肚。

皆川先生是一位知名服裝設計師，但也擁有一身好廚藝，並且連載料理相關文章。他的粉絲眾多，我也是其中一枚，粉絲們在他的創作世界中神魂顛倒，啊，想必也極嚮往他所製作的便當吧。各位皆川的粉絲，抱歉了，他的便當我就收下了。

第四場客座講師

松嶋啓介

（法式料理主廚）

松嶋先生真了不起！三一一大地震後，他在法國各地舉辦慈善晚宴，我有幸受邀，發現法國的廚師、葡萄酒商及藝人們都很尊敬、支持他。同為日本人，我倍覺與有榮焉。他所分享的便當令人超期待。

第五場客座講師

小山薫堂

（廣播電視企畫、編劇家）

小山先生讓料理不只是料理人的專利。他本身是位饕客，也著手企畫料理節目、改變料理觀點、讓料理成為一種契機，他還開店呢，總之，他讓料理走出框架。人人都會接觸料理，但能夠如此「料理」料理的人，可說超出料理人的境界了。他會如何料理便當這個小小世界呢？

第六場客座講師

辻　義一

（懷石料理家）

國寶級大師應允登場，令人誠惶誠恐。辻先生與家父長年交情匪淺，因此我特別邀請他幫忙。他曾經在藝術大師魯山人家中烹煮料理。我也吃了「辻留」的年菜吃了五十年。他的講座可不是開玩笑的！不過，辻大叔，下回吃便當時，搭配白葡萄酒如何？

第七場客座講師

佐藤　卓

（平面設計師）

佐藤先生堪稱設計界的領頭羊。曾有一名太太看了「明治好喝牛奶」的包裝，納悶「這有什麼設計？」，卻讓他開心極了，他認為看不出設計的「普遍性設計」才是真功夫。不過，這回可不是普遍性商品，而是一次性、獨一無二的便當，會如何創造出令人印象深刻的作品呢？

目錄

便當 2
關於「美味教室」 4
遠山正道為大家介紹「美味教室」七位客座講師 6

彩色與純白 11
吃完也美麗／野村友里 12
「九節板」便當 14
蒸麵包與白色便當 17
「彩色與純白」三明治 20
彩色小球便當 21
「白色」散壽司 22
「彩色與純白」的生春捲便當 23

美麗境界 35
極簡之美／KIGI 36
以蛋為容器的便當 38
紅鮭、玉米、毛豆組成的便當 42
花樣便當 45
生春捲便當 46
香草三明治 47
圓滿便當 48

Surprise! 109
發想的原動力／小山薰堂 110
驚喜連連的千層便當 112
魔術變出來的便當 116
現代藝術三明治便當 120
「月光沙漠」古斯米便當 121
蜜蜂便當 122
水果籃便當 123

季節滋味 135
懷石料理之心／辻義一 136
飯糰便當 138
白菜便當 141
「枡」便當 144
「全心全意」便當 145
「天空、草原、大地」便當 146
落葉便當 147

陰與陽 159
飲食為一切之本／佐藤卓 160

HOUSE 61

便當盒是一個家／皆川明 62
俄羅斯娃娃便當 64
花園中的家 67
家與花園與鳥巢的便當 70
麵包的家 71
北歐風的紫色便當 72
圓形的散壽司便當 73

想讓法國人品嘗的便當 85

料理喚起自我認同感／松嶋啓介 86
法國傳統料理便當 88
Si, mais ça va, souci（醃鯖魚壽司） 91
瑪莉・安東尼便當 94
黑色蟲蟲便當 95
法國風景便當 96
茶巾壽司便當 97

「陰陽山海」便當 162
「醬油、海苔、爬山」便當 167
黑白棋便當 170
黑白包子便當 171
「東洋與西洋」便當 172
「陰、陽、中庸」便當 174
「月亮、地球、太陽」便當 175
「太陽與大地」便當 176

御便當圖鑑

01 便當的王道。形形色色的飯糰 24
02 三明治 is Beautiful! 49
03 一起分享的壽司 74
04 異國風味便當 98
05 和風十足的便當 124
06 別具巧思的便當 148
07 圖畫般的便當 177

「看起來好好吃」的價值 186
關於「山坡俱樂部」 190

彩色與純白

美麗的配色，是便當的要素之一。擅長利用各種方式，甚至超越食物範疇，來傳達「食物可能性」的食物造型師野村友里，這次帶來了「彩色」之便當，此外還有遠山正道的「純白」之便當，以及其他學員的多姿多彩便當大公開。

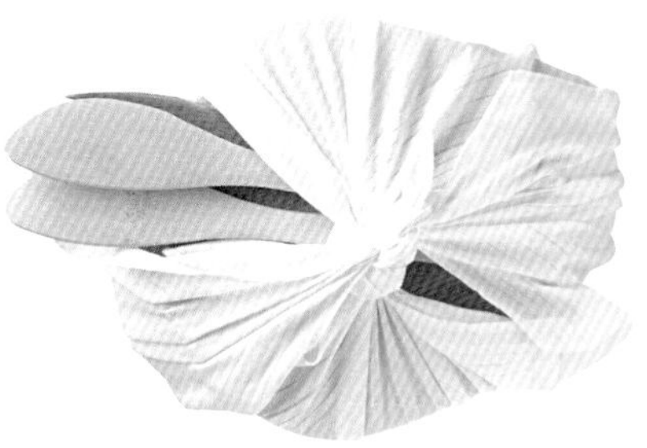

吃完也美麗

野村友里

主持美食創意團隊「eatrip」。透過外燴料理的設計、料理教室、雜誌上的美食專欄連載、廣播節目、以飲食為題的電影《食行人生》（eatrip）等，向大眾傳達「食物的可能性」。二〇一二年九月，於明治神宮前開設一家以多元呈現食物為旨的餐廳「restaurant eatrip」。

親手拍攝的電影《食行人生》（eatrip）、與西海岸的主廚同好聯手舉辦的美食活動「OPEN HARVEST」、二〇一二年秋天開業的餐廳「restaurant eatrip」等，食物造型師野村友里擅長利用各種方式展現「食物的可能性」。這次，她將為我們說明「愈吃愈美麗」這個理想便當造型的可能性。

＊＊＊

小時候，我媽媽開了一間烹飪教室，因此，我算是在食物的環繞中長大，從小就是個吃貨（笑）。

後來，我雖然也上餐飲學校學習烹飪，但對我而言，比起技術，我更喜歡的是「媽媽款待客人的身影」、「料理的現場感」這類「臨場氣氛」，因為飲食與人際交流、空間是分不開的。

大學畢業後，我進入一間家具公司上班。公司經常舉辦家具展示活動，我則負責製作與設計師作品主題相符的餐飲。這項經驗，開啟了我目前的食物造型師工作。我個人嚮往與追求的理想食物造型是「愈吃愈美麗」。

一般而言，料理都是在享用之前最完整、最漂亮，然後愈吃愈變形走樣，但我認為，吃的過程中各種顏色逐漸夾雜而愈變愈美，這樣的料理設計是最棒的。

即便是便當，偶爾融入這種設計概念，不也十分有趣？

這次的主題是「彩色與純白」。這個題目很開闊，令人浮想連翩，加上這是系列講座的第一場，我想和所有學員一起大快朵頤，因此設計了這款便當。

各位，請別客氣，你一口我一口，咱們開動了。

①

「九節板」便當

野村友里（食物造型師）

這款便當的靈感，來自我外婆家每逢宴會必登場的「九節板」。據說九節板原為韓國的宮廷料理，將「陰陽調和」的九種山珍海味用米紙包起來享用。

上層便當盒裡裝著的九種料理為「彩色」，中層的米紙為「純白」。

下層便當盒裡裝著古代米做成的飯糰，旁邊裝飾甜醋漬茗荷，達到畫龍點睛之效。

便當盒則是使用方型木盒。這木盒原本專門用來放茶點，透氣性佳，很適合夏天裝便當。

上層：「陰陽調和」的九種料理（從左上依順時針方向為：胡蘿蔔、雞胸肉、鹽炒香菇、芝麻拌菠菜、蛋絲、味噌炒豬肉、水煮蝦、芝麻拌四季豆）和甜味噌，中央擺放白蔥絲。

1

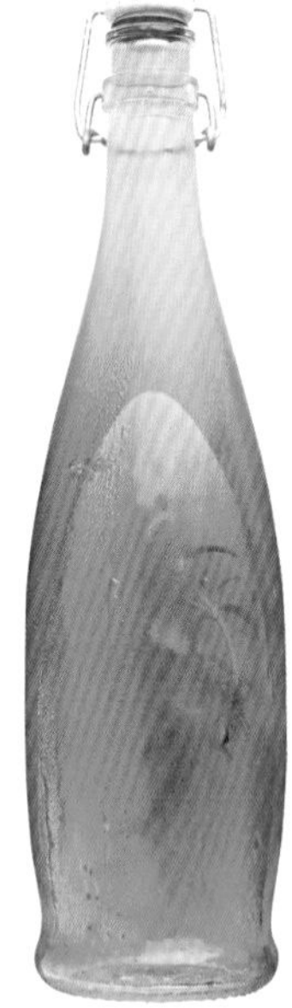

3

2

1. 中層：以蛋白為基底的自製餅皮，頗有嚼勁。

2. 下層：專為想吃米飯的人而設想的飯糰，用模型做出來的。／3. 可搭配聖羅勒茶享用。

② 蒸麵包與白色便當

遠山正道

正在思考怎麼做白色便當時，無意間聽見演唱團體「小丑洋菓子店」的〈豆腐ㄉㄨㄞ ㄉㄨㄞ〉這首歌，「說到白色，當然是豆腐！」於是決定以豆腐為材料。

「用豆腐代替白飯，一定很好玩。」我立馬上豆腐店，結果被店家一句「大熱天，豆腐絕對不能這樣放進便當裡。」而乾脆放棄，改用蒸麵包。

我將豆腐煮過，當成配菜，再放入白花椰菜、馬鈴薯、我最愛吃的水煮白蘆筍罐頭等白色食材。

身邊剛好有珠蔥的根，往裡面一插，整個便當突然變得好「有機」（笑）。

1

2

用白色食材做成的便當。1. 將原本要用來取代白飯的豆腐做成鹽麴豆腐。右上起依序為：鹽麴豆腐、我最愛吃的水煮白蘆筍、刺身魚板、醃泡香菜的白花椰菜、白色馬鈴薯沙拉、奶油起司拌雞胸肉等，配菜相當豐富。／2. 將加了鹽麴的蒸麵包放進木製便當圓盒裡。

③「彩色與純白」三明治

小林純子（主婦）

以白色麵包為基調，用食材來表現「彩色」的三明治，非常簡潔。我有個小小孩，因此這款便當的設計重點在於製作輕鬆，可一手抱著小孩一手吃。食材分別為：起司片（加工起司片、巧達起司片）、罐頭鮪魚、火腿、蛋皮、甜椒、小黃瓜、紅豆奶油（紅豆奶油三明治當成甜點）。盡量做成等寬。便當盒則是使用與三明治寬度相符的白紙盒，購自「東急手創館」。

④ 彩色小球便當

伊藤 維（食物造型師）

可單純品味到蔬菜繽紛色彩的小球便當。用砂鍋炊飯，再加一點梅醋拌勻，然後將食材放在醋飯上，或者用食材將醋飯包起來。食材從右上往下分別為：水煮再以甜醋醃漬的食用菊、泡軟後再以橄欖油醃漬的番茄乾、蒸熟的菠菜、用鹽巴搓揉淺漬的胡蘿蔔、水煮再用梅醋醃漬的蓮藕與茗荷、薄切再撒鹽巴的小黃瓜、對切的橄欖、水煮的紫高麗菜、烤好再去皮並撒鹽的甜椒（紅、黃）、泡軟再用高湯及醬油煮過的乾香菇等。放入簡單的透明盒子裡，打開那一剎那，色彩繽紛的世界開展於前。

⑤

「白色」散壽司

池水美都（公司職員）

1

2

1. 以白色為基調的散壽司。將雞肉末、凍豆腐、芝麻、明太子炒魚板、白花椰菜、笹魚板、干貝等白色食材切碎，滿滿放在醋飯上，雖然沒有顏色，味道卻極富變化。便當盒是使用圓型的無加工木片附蓋壽司桶（二人份大小）。一般便當都是以色彩鮮艷令人垂涎，但這款便當大膽設計成「以淨白取勝」。／2. 特別以早晨從自家摘下的繡球花作裝飾。

⑥「彩色與純白」的生春捲便當

海木　渚（食物造型師）

從白色透明的生春捲皮，即可看出五顏六色的食材。生春捲的材料為：胡蘿蔔絲和小黃瓜絲、水煮蝦、紫蘇、食用花、蔥。將這些材料排好再包起來，讓外觀賞心悅目。旁邊的裝飾品為羅勒、番茄塊及橄欖油拌鹽麴豆腐（木綿豆腐）。最後擺上市售的甜辣醬。便當盒是「野田琺瑯」的「深矩型S」容器。

御便當圖鑑 01

【便當的王道。形形色色的飯糰】

⑦

遠足飯糰

小倉英惠（學生）

以「季節滋味」為題，將數種根莖蔬菜和米飯一起做成炊飯，再捏成飯糰。做法是：先將數種根莖蔬菜切成0.5公分的小丁，再和高湯或高湯醬油一起放進電鍋中。重點在於放入大量的薑末。配菜的玉子燒完全不放砂糖，只用四國的高湯醬油調味。便當盒則是使用祖母給我的層疊式便當盒的第一層。

⑧ 手捲飯糰

鈴木靖子（公司職員）

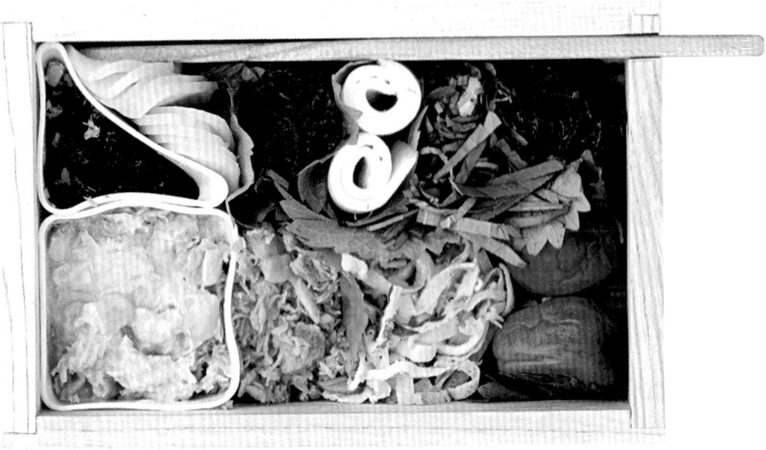

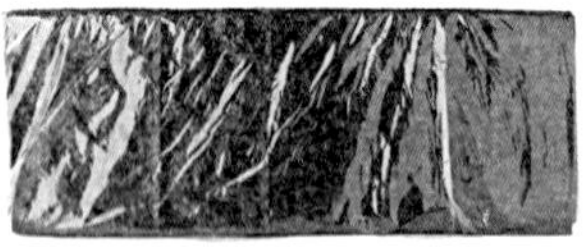

這是從法國的沙威瑪店得來的靈感，將客人指定的米飯和配菜，當場製成手捲飯糰。米飯有芝麻飯、紫米飯、茗荷飯、白米飯；配菜則有昆布、梅乾、紫蘇、蛋絲、起司片、小魚佃煮、鮭魚末、醬蝦佃煮、罐頭鮪魚玉米美乃滋、醃黃蘿蔔等。用另外準備的海苔捲起來吃。

⑨《積木之家》飯糰

藤井愛子（公司職員）

1

2

3

靈感源自於短篇動畫《積木之家》，將飯菜用積木形式組合起來。

1. 用金字塔型的模型將飯成型，再分別烤成紫蘇味噌、醬油海苔、紫米起司等風味的烤飯糰。

2、3. 基座的配菜分別是：胡蘿蔔拌芝麻、玉子燒、扇貝與海藻的法式凍、八丁味噌漬康門貝爾起司等。

⑩

俄羅斯輪盤飯糰

生駒夕紀子（料理教室主理人）

這款便當能夠享受到吃之前不知食材內容的興奮感，以及邊吃邊發現食材完美結合的驚艷。配菜有：佃煮玉筋魚×紫蘇、罐頭火腿×昆布絲、糯米椒拌柴魚香鬆×白芝麻、麻里伯起司×櫻花乾、羅克福起司×紅紫蘇粉等。也可暗藏大德寺納豆×和三盆糖的飯糰當成「驚喜」。

1

3

2

⑪ 巧克力般的飯糰

小山千春（藝術指導）

將迷你飯糰裝在彷彿巧克力點心杯般的「海苔杯」裡。

1. 毛豆拌飯、蘿蔔葉拌飯、放上野澤菜等三種鹽味飯糰。
2. 醬油漬奶油起司、柴魚昆布香鬆、甜醋漬牛蒡等三種鹽味飯糰。
3. 醋漬茗荷、胡蘿蔔炒牛蒡絲、小番茄塞雜糧米等三種醋飯飯糰。便當盒使用會津的塗漆茶盒。

⑫ 圓月飯糰

中田美緒子（公司職員）

1

2

以「圓滾滾」為題的中秋賞月便當。1. 蝦丸、蓮藕肉丸、花枝丸、炸芋丸、南瓜餅等，全都是造型「圓滾滾」的配菜。／2. 將栗飯捏成圓球狀。相鄰的兩個飯糰可以點綴金芝麻或海苔加以變化，做出區隔。

⑬

金箔炸蝦飯糰

小林純子（主婦）

小巧玲瓏顯得高級，撒上金箔更添奢華。蝦子裹上加了沾醬和胡椒的麵粉，然後油炸，和飯一起捏成飯糰，但要露出蝦子的上半身，周圍再用海苔包起來，最後撒上金箔。便當盒中央放入包了栗子的紅豆飯，可以變化風味吃不膩，取得平衡。

⑭

南洋風飯糰

中田美緒子（公司職員）

1

2

1. 很適合夏天帶去聚會的南洋風飯糰。將米和蒜末炒至透明後，再放進電鍋，上面放雞胸肉和生薑片一起蒸煮，蒸好後再摻入香草，做成飯糰。／2. 將章魚、青蔥、生薑切碎，和麻油、豆瓣醬、醬油一起炒，最後包起來油炸成春捲。

美麗境界

好想做出美得令人捨不得吃的便當。「KIGI」這對藝術指導雙人組，擅於表現高度的美感與豐沛的感性，本篇介紹他們所製作的「美麗境界」便當，以及其他多款美侖美奐的便當。

極簡之美

植原出生於北海道，渡邊出生於山口縣。兩人於二〇一二年成立創意設計工作室「KIGI」，聯手負責二手商店「接力棒」（PASS THE BATON）的藝術指導工作、設計品牌「D-BROS」的產品設計工作等。此外，植原也參與時裝品牌「THEATRE PRODUCTS」的平面設計，渡邊也與內田也哉子合著繪本《BROOCH》等。

KIGI／植原亮輔、渡邊良重

URL：http://ki-gi.com

聯手從事藝術指導及商品設計的植原亮輔與渡邊良重這對設計雙人組，將他們充滿創意的世界觀展現在平面藝術上，那麼，他們製作的便當，又會如何呈現他們對「飲食」的獨特觀點與豐沛情感呢？

＊＊＊

我們從前一年有三百五十天是外食，但自從三一一大地震後，我們開始擔心外食安全嗎？

於是，去年開始，我們將砂鍋搬進公司，開始煮飯、買有益健康的食材來料理，二〇一二年一月我們獨立創業後，午餐、晚餐便都在公司煮了。

我不算喜歡下廚，但「喜歡健康」，為了活得長壽而每天下廚。（渡邊）

比起「為健康下廚」，我（植原）雖然廚藝不精，但很喜歡烹飪。

設計這件事很耗時間，但料理馬上就能見到成果，看著別人吃也開心。

我曾想過，如果不當設計師，我想開家壽司店。光用飯和配料這種最小程度的素材，就能展現出纖細的美味，我覺得這件事本身就夠美了。

思考「美麗境界」這個主題時，由於我們都不擅料理，只能取「美麗」這個整體意象。而「以蛋做容器」這個點子是靈光乍現來的，我覺得蛋是自然界的各種形狀中，最簡單卻又最美的……。

不過，實際將蛋拿在手上切割成容器，這個作業比想像中還難，我試了好幾次才成功。

這也讓我切身感受到，做出「美麗境界」便當這件事，比我平時的設計工作困難多了。（植原）

⑮

以蛋爲容器的便當

KIGI／植原亮輔、渡邊良重（藝術總監）

決定使用自然界中形狀極簡且極美的蛋做為容器後，先是尋找鴕鳥蛋，接著碰到一個大難題：該怎麼把雞蛋殼切得美美的？研究過各式各樣的切割器材，最後，我們找到「日本切斷研究所」這個機構，請他們用裝有鑽石鋸齒的線鋸幫忙切割（笑）。在蛋殼上打洞，將內容物全部取出後，再用油灰把洞封起來。我們試做了好幾種料理，每一種都拍照確認美觀與否，最後的成果是，鴕鳥蛋裡裝散壽司，雞蛋裡裝配菜，從上到下的主題分別為「粒」、「線」、「白」。

1

1. 一共兩層，上層是雞蛋做成的容器（圖 4 為蛋殼閉合狀態）。打開蛋殼，裡面裝著各色菜餚。從上層起、由右至左，分別為：銀杏、鮭魚子、和風泡菜（以上為「粒」）；炒牛蒡絲、燙菊花、炒黃櫛瓜絲（以上為「線」）；吻仔魚、奶凍、馬鈴薯沙拉（以上為「白」）。／2. 下層是鴕鳥蛋做成的容器（圖 3 為蛋殼閉合狀態）。裡面是以豌豆絲、蛋絲、蓮藕、蝦子等裝飾的散壽司。

2

4

3

⑯ 紅鮭、玉米、毛豆組成的便當

遠山正道

我想，就「美麗境界」這個主題，我是無法與（前一頁的）KIGI 匹敵的，於是拗著脾氣做出這款便當。

前幾天，我在築地吃了烤鯖魚壽司，非常好吃，那烤得焦焦黏黏的皮，真美極了，藉此靈感，我做出這道紅鮭料理，放在便當的上層。

焦面多一些，與紅色的對比會更美，加上我很喜歡焦脆的口感，於是故意增加烤焦面積，然後把這些像馬賽克、獸面瓦般的立體魚塊密集地排在一起，這就是我要表現的美感。下層是玉米炊飯，上面再裝飾毛豆。

主題是「美麗境界」，結果我塞進去的依然是我認為好吃的食物（笑）。

下層為時令的玉米炊飯。將玉米粒切下來後，玉米芯也一起放進電鍋中，
再放入酒和薄口醬油一起炊煮。最後撒上水煮毛豆。

1

2

1. 放在便當上層的紅鮭。將二片半的紅鮭切成小塊，燒烤得又香又焦，顧及焦色與紅色的對比，增加燒焦的面積。
2. 便當盒使用蠶豆狀的木盒，上面那枝綠葉，是當天從舊山手大道邊的行道樹借來的。

⑰

花樣便當

柴田春菜（平面設計師）

1

2

獨居的友人感冒了，我想帶這款「食用花便當」去探望他。1. 雞肉佐鴻喜菇炊飯。將雞腿肉、油豆腐皮、鴻喜菇和米一起蒸熟，略加調味即可，再將薄切的醃嫩薑片及茗荷片排成花瓣狀。／2. 一看就令人心花怒放的什錦佳餚，有芥末美乃滋蝦、炒胡蘿蔔絲、味噌起司炒茄子等，多彩多姿且營養百分百。

⑱ 生春捲便當

小西真理（創意總監）

為向「KIGI」的渡邉良重小姐那纖細的美感表達敬意，特別製作這款生春捲，用半透明的春捲皮表現出她的代表作《BROOCH》中的「透明之美」。將生菜、咖哩粉香炒冬粉豆芽豬肉片、花生粉等適量地放在生春捲皮上，再將秋葵、蘑菇、小番茄等切面美觀的蔬菜排在外面看得到的位置，然後捲起來。沾料有兩種，一種是將甜辣醬和醋以 2:1 比例混合，另一種是將花生和乾燥的橙葉用食物調理機打成粉狀。便當盒使用大分縣的竹藝工坊所製作的竹製容器。

⑲ 香草三明治

伊藤 維（食物造型師）

1

2

這是用香草壓花表現植物之美的三明治。1. 使用全麥、黑麥、雜糧等三種麵包，中間夾奶油起司片，再切成同樣大小。從淺色排起，排出漸層效果，放進純白的紙盒裡。／2. 將乾燥的香草像標本那樣裝進裝訂好的描圖紙中，品嘗三明治時，就從描圖紙中選出喜歡的香草，夾進三明治裡享用。這是一款可以品味到光影、香氣與形狀之美的便當。

⑳ 圓滿便當

家入明子（主婦）

我認為美是沒有終點的、連續性的、順暢的，因此取「圓滿」的意象做成這款便當。中間的飯（鰻魚飯）是用市售的蒲燒鰻再加點麻油和日本酒稍微蒸煮，然後切細，拌上醬汁和芝麻，再和飯一起混拌。上面裝飾的是蛋皮、蘿蔔薄片、韓式拌菜風味的秋葵。配菜則有：鹽燒蝦、辣油炒青椒、水煮馬鈴薯、胡蘿蔔拌芝麻、甜煮地瓜等。

御便當圖鑑 02

【三明治 is Beautiful!】

㉑ 黑白三明治

藤井愛子（公司職員）

「白」三明治中，放進手做的泥餡（將鷹嘴豆、芝麻糊、檸檬汁、橄欖油等一起做成泥狀）。「黑」三明治，則是將涼拌胡蘿蔔、水煮四季豆佐美乃滋夾進竹炭麵包中。

㉒ 彩虹三明治

柴田春菜（平面設計師）

適合下雨天帶出門的彩虹三明治。夾餡由下往上為：
醃漬酪梨與檸檬、起司歐姆蛋、南瓜肉桂泥、炸鮭魚、紫高麗泡菜。

㉓ 團圓三明治

海木渚（食物造型師）

以「家族團圓」的「團圓」為意象，將整塊呈圓球狀的法國鄉村麵包挖空，當作容器，裡面放入果醬三明治。做成容器的麵包部分，可以搭配用醃蛋、水煮蝦、毛豆拌蜂蜜芥末子做成的「蜂蜜芥末蛋蝦沙拉」，以及鵝肝、胡蘿蔔、鷹嘴豆等三種醬料享用。

㉔「花鳥樹的家」三明治

生駒夕紀子（料理教室主理人）

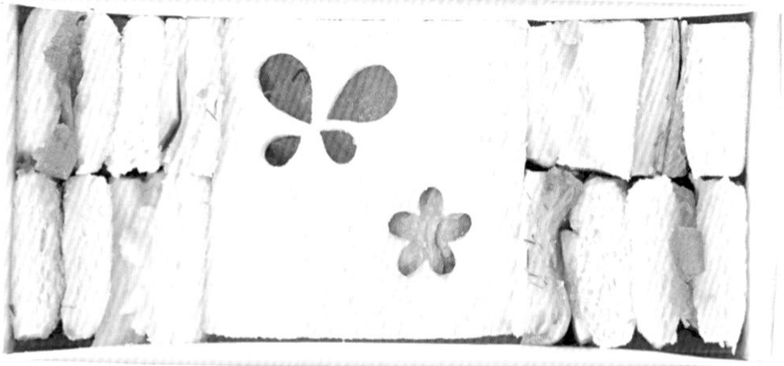

1

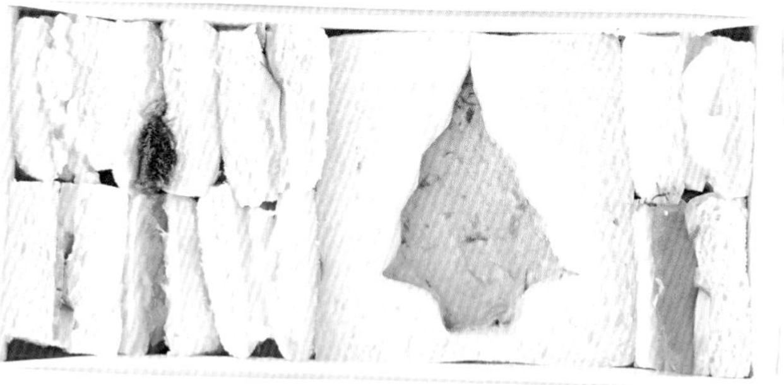

2

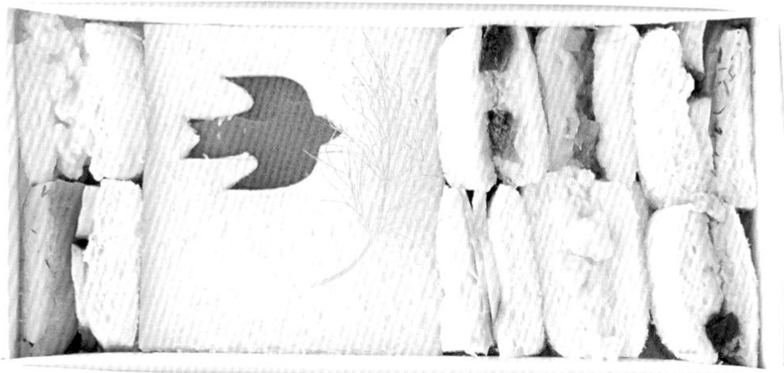

3

這是利用模型做出可愛圖案的三明治。配料有：火腿、小黃瓜、炒蛋、水煮蛋、生菜等。

1. 的蝴蝶是橘皮果醬，花是覆盆子奶油起司。／ 2. 的樹是龍蒿芥末醬。／ 3. 的鳥是煙燻鮭魚。

㉕

長棍麵包三明治

小倉英惠（學生）

攜帶方便、滋味豐富。把愛吃的長棍麵包切開，但留下底部約十分之一不要完全切斷，然後夾進餡料。餡料有蔬菜、玉子燒、培根等。夾餡料的要訣是，切開麵包到餡料容易夾進去的程度，但不要完全切開；然後間隔著夾，亦即一層夾餡，一層不夾餡；要能看見餡料的顏色，並注意配色的美觀。最後用蠟紙像包糖果那樣包起來。

㉖

彩色三明治

東條惠美（甜品企畫師）

講究色彩對比的三明治。有黑色的竹炭麵包、黃色的南瓜麵包、褐色的黑麥麵包與黑糖麵包。餡料有黃色的南瓜、蛋，淡紫色的馬斯卡彭起司拌紫心地瓜粉，紫色的紫高麗菜，橘色的胡蘿蔔，粉紅色的煙燻鮭魚、罐頭火腿，黃綠色的蘆筍，白色的奶油起司拌柚子醬，褐色的巧克力榛果醬、香蕉等。

㉗

香蕉草莓水果三明治

小山千春（藝術指導）

想和好友一起分享的二種水果三明治。1. 豪邁地切開水果，與鮮奶油一起夾進麵包裡，讓橫切面看起來美美的。／ 2. 將馬斯卡彭起司與絹豆腐糊以 2:1 的比例混合，再與厚切的香蕉、核桃拌勻，撒上黑胡椒，就是一款富成熟風味的香蕉三明治了。

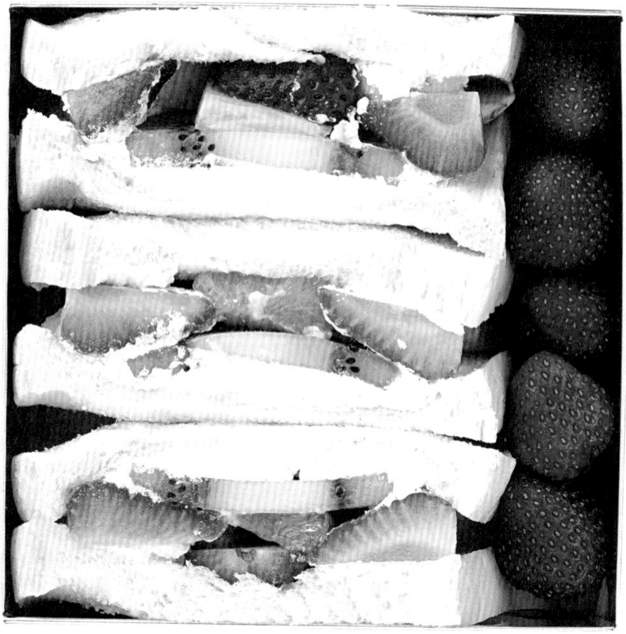
1

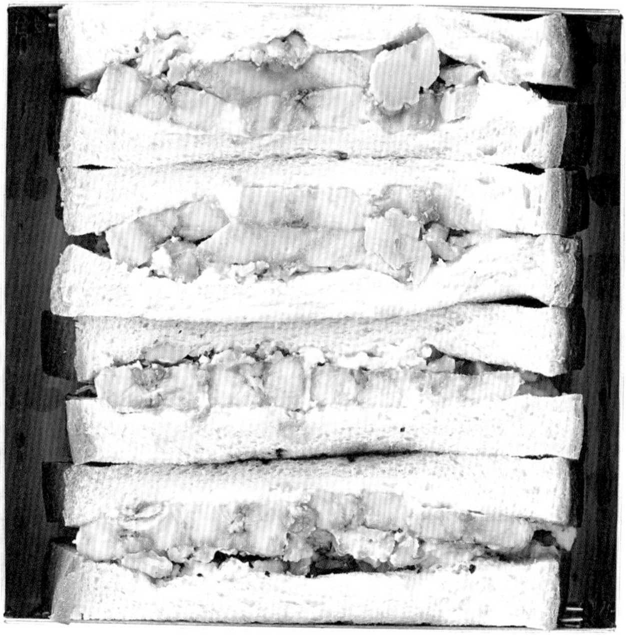
2

㉘

蛋型的口袋麵包三明治

伊藤 維（食物造型師）

靈感來自第三場客座講師皆川明設計師的人氣系列「鳥包包」，以「鳥包包的蛋型抱枕」為意象做成這款口袋麵包三明治。烤好五種口袋麵包（原味、黑麥、雜糧、全麥、巴西里），劃開後挾入餡料（南瓜沙拉、莫札瑞拉起司加番茄乾、鷹嘴豆糊、酪梨沙拉、地瓜泥等）。鳥巢容器是將木通的藤蔓泡水變軟，再編織而成。

HOUSE

「如果將便當盒想成房子的空間配置……」以此創意為發端，時裝設計師皆川明所揭示的主題為「HOUSE」。這個主題有很大的發揮空間，多彩多姿的便當登場囉。

便當盒是一個家

皆川　明

一九六七年出生於東京都。時裝品牌「minä perhonen」的設計師。致力於使用原創設計的布料製作服裝，並與國內外的產地合作，進行素材與技術的開發工作。

時裝設計師皆川明不只設計時裝，近年來更為布料廠商提供設計，也經手生活雜貨、制服等設計工作，活躍領域極廣。因為遠山正道開設的二手商店「接力棒」（PASS THE BATON）的關係，兩人交情匪淺。

皆川從前在魚店上過班，學會處理魚的方法，並因此領略到料理的魅力，據說現在也常在工作室為同仁洗手做羹湯。我們來聽聽他如何發想出這次的主題，以及如何樂在料理中。

＊＊＊

「如果把便當盒想成房子的空間配置，不是很好玩嗎？」念頭這麼一動，便發想出「HOUSE」這個主題了。

便當盒裡有許多隔間，仔細看，彷彿是三房二廳。其實，便當盒不就像一個家嗎？例如飯是客廳，菜是飯廳……只要發揮想像力，就能誕生出活潑有趣的便當。

雖然這麼說，結果我做出來的便當，卻發展成別的樣子了（笑）。

我剛創立自己的品牌時，空檔很多，於是去打工，負責到築地採購魚，處理好，然後送到壽司店。當時，壽司店的師傅經常教我醋醃小鯽魚的方法，讓我對料理產生興趣。

「這個食材要切多大？用哪種調味料？怎麼煮比較好？」我很喜歡進行這類思考。設計時裝也是同樣的原理，思考素材的組合、調味料的選擇、加熱方法等，簡直就跟解謎一樣有趣。

對我而言，只有在那個當下才發生的「即興性」，正是料理的魅力。

㉙

俄羅斯娃娃便當

皆川 明（「minä perhonen」設計師）

原本，我發想了「將便當盒裡的菜色區隔想成一間房子的空間配置，肯定很有趣」，因而提出「HOUSE」這個主題，但想著想著，最後以「住在家中的家人」為意象，完成了這款便當。

我覺得把俄羅斯娃娃看成「家人」，進而當成便當盒會很有趣，又因為手邊有未上色的俄羅斯娃娃，於是請熟識的漆匠幫忙漆成便當盒的樣子。

便當盒很特別，但內容全是日常的家庭料理。

最小的俄羅斯娃娃只要稍微調整一下形狀，就能當成筷架了。

最外層也最大的俄羅斯娃娃裡面裝著紅豆飯。

2

1

6

5

4

3

1. 第二層是胡蘿蔔炒牛蒡絲。／2. 第三層是煮章魚。／3. 第四層是梅乾。／4. 第五層是迷你番茄。／5. 第六層是鹽味昆布。／6. 最小的俄羅斯娃娃就當成筷架。／7. 裡面裝著食物時是這種狀態，吃完後將娃娃一個一個套回去，帶回家就很方便了。

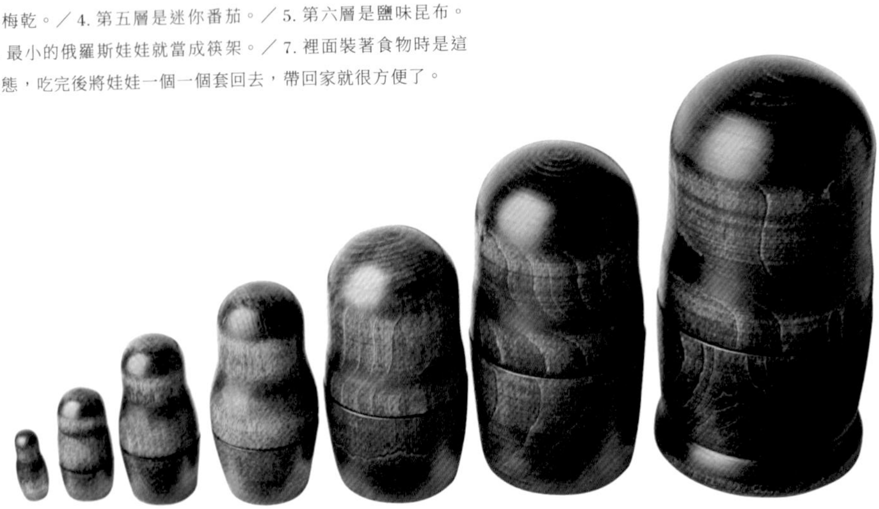

7

㉚ 花園中的家

遠山正道

這次的主題是「HOUSE」，因此我以「花園中的家」為意象，完成這款便當。

第一道料理（圖2）是用果凍做成土地，鋪展出一整塊花園，裡面放了四季豆、綠花椰菜、秋葵等色彩繽紛的時令蔬菜。

第二道料理（圖3、4）是用海苔壽司表現出家的分量感。

除了家的本體，我還另外準備了屋頂，於是當場舉行上樑儀式……完成「海苔壽司的家」！

無論三明治或壽司，橫切面的美觀是重點，但罐頭火腿做的窗戶和蛋做的門，真的好難。花園則是用蔬菜的切面來表現花團錦簇的感覺。

1

1. 蔬菜凍上面放海苔壽司，再放上小黃瓜做成的屋頂，就是「花園中的家」了。／2. 便當盒的下層，是用龍蝦凍將四季豆、綠花椰菜、秋葵、小番茄等時令蔬菜固定起來。／3. 上層是將切細的小黃瓜用寒天固定成三角柱，當作「屋頂」。／4. 家的本體是捲成方型的海苔壽司。門是玉子燒、門把是牛蒡；將罐頭火腿切成細條狀，四邊煎熟再組合起來，形成窗框；總之，細心配置讓橫切面看起來有家的感覺。

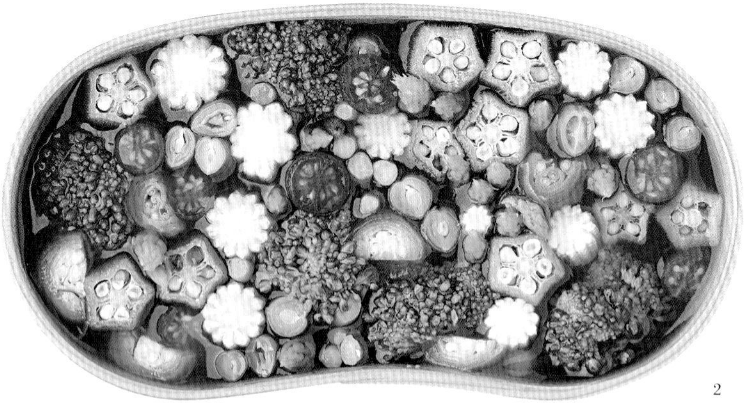

2

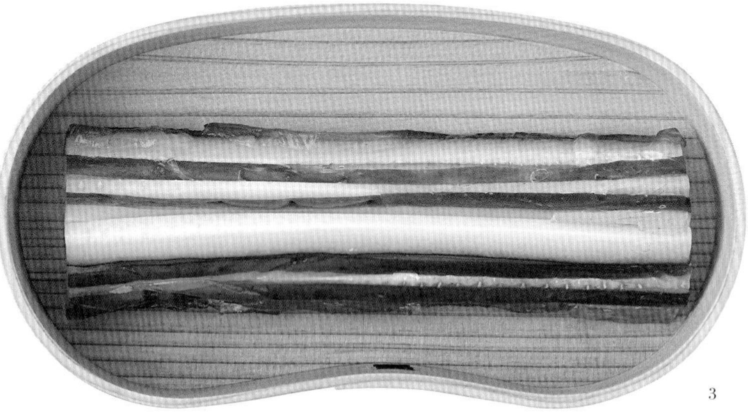

3

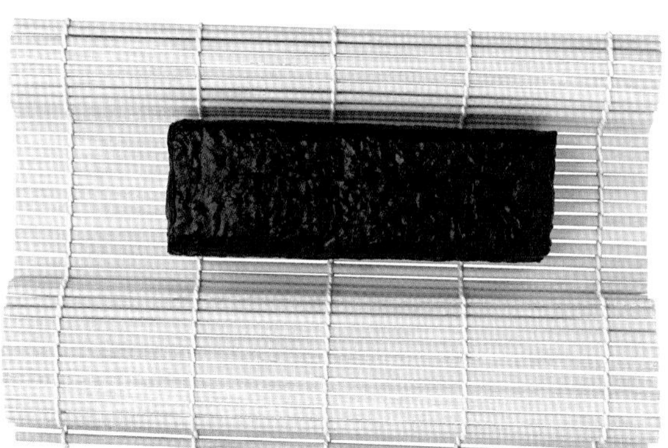

4

⑱ 家與花園與鳥巢的便當

原口奈奈子（平面設計師）

1

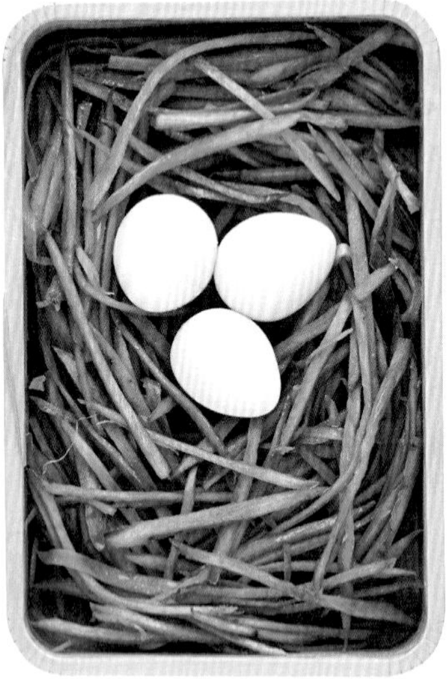

2

3

以「家與花園與鳥巢」為意象，發揮想像力，用人人都會做的簡單料理做出這款便當。1.「花園」：飯上面放櫻花鹽、炒蛋、秋葵；配菜則有水煮紫花椰菜、蘿蔔嬰、用里肌肉薄片做成的千層炸豬排。／2.「鳥巢」：炒牛蒡上面放水煮鵪鶉蛋。／3.「家」：將地瓜切成家的形狀後蒸熟，裝飾在飯上面。便當盒是秋田的木製便當盒。

外觀就是「HOUSE」，裡面則用食材來表現「HOME＝家庭滋味」。使用田原町的麵包名店「Pelican」所販售的小型吐司麵包（重約700g），將中間挖空（其中約350g斜切，做成屋頂），然後將挖下來的麵包切成三明治用的吐司片。夾餡是加了很多美乃滋的「雞蛋美乃滋醬」。最後將完成的三明治放回挖空的麵包中。

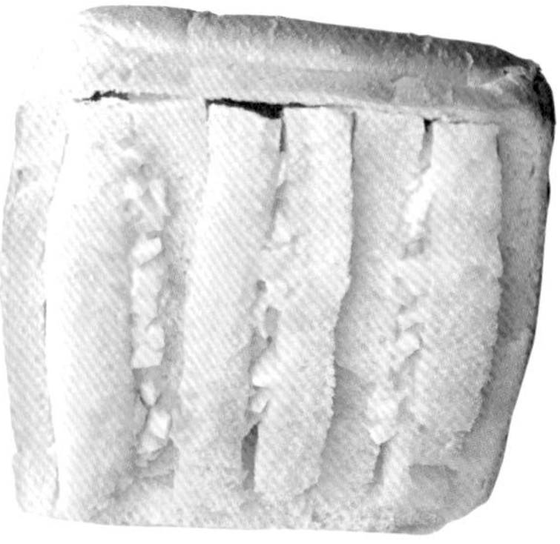

㉜ 麵包的家

荒卷洋子（自由編輯）

33

北歐風的紫色便當

柴田智子（插畫家、設計師）

1

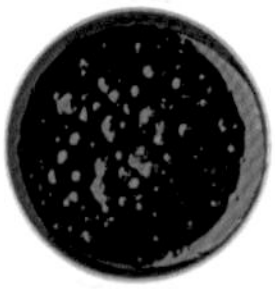

2

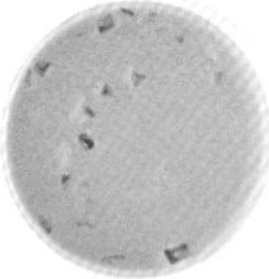

3

4

以「北歐的 HOUSE（家）」為題，表現在日照時間短暫、嚴冬漫長的北歐，人們居家生活中的豐富色彩。1. 下面鋪滿馬鈴薯泥，再放上切好的紫色新鮮蔬菜與水果（紫菊苣、紫洋蔥、紫高麗菜、紫甘藍、茗荷、新鮮梅子、無花果），最後撒上藍莓與檸檬皮點綴。／2. 可淋上另外附上的黑莓甜酸醬享用。／3. 也可搭配美麗粉紅色的甜菜湯。／4. 也可淋上新鮮的鮮奶油。

㉞

圓形的散壽司便當

池田佳奈子（設計師）

這款便當重現了記憶中奶奶每逢節日為我們做的散壽司。「希望美味也能夠向外傳達拓展得更廣」以此概念將每一樣配菜都做成圓圈狀。醋飯裡拌入乾香菇、蓮藕、胡蘿蔔、牛蒡，上面再美美地裝飾著蛋絲、山芹菜、星鰻、茗荷、芽蔥、菊花等。

御便當圖鑑 03

【一起分享的壽司】

㉟

泰式散壽司

尾崎博一（公司職員）

外觀華麗、滋味清爽的泰式散壽司。配料有蛋絲、以魚露調味的雞胸肉、蝦子、豌豆、紫洋蔥、甜椒、香菜。最後再裝飾用鹽巴、黑胡椒、橄欖油涼拌的胡蘿蔔沙拉，以及豆苗涼拌培根。

㊱ 糙米蔬菜壽司

池水美都（公司職員）

1

2

3

1. 上層是根莖菜類的配菜。放入切成楓葉狀的南瓜和胡蘿蔔，以及堅果和雞肉丸子，再淋上酸酸甜甜的醬汁。
2. 下層為日式甜點，做出楓葉落在青苔上的風情。用濾網篩將抹茶口味的豆餡篩成膨鬆狀後，再大量撒上抹茶粉。
3. 中間層是使用加了芝麻的糙米飯，將小松菜、西洋芹、用鹽巴抓過的胡蘿蔔等捲成蔬菜壽司。

㊲ 蔬菜壽司

牧野玲子（公司職員）

打開用和紙折出來的紙便當盒，乍見之下似乎是海鮮壽司，但其實配料全是蔬菜。例如像扇貝的炙燒杏鮑菇，像鮪魚和鮭魚的醃漬紅色甜椒、橘色甜椒，用山芋和豆腐做成的鰻魚等，光看就讓人大呼「Surprise!」。使用這些蔬菜時，宜取顏色與海鮮最接近的部位才會逼真。

38

SUSHI ROLL

大谷尚史（公司職員）

色彩鮮艷的壽司卷。配料有四種組合：煙燻鮭魚、奶油起司、水芹；葡萄酒醋嫩煎雞胸肉、醃漬甜椒（黃色及橘色）；醃漬蝦、蘆筍（白、綠二種）、羅勒；星鰻、山芋、小黃瓜、山芹菜。

㊴ 顛覆壽司

館野由紀子（包裝設計師）

梅子紫蘇豬肉捲、蝦末蛋捲、彩蔬生春捲、梅子紫蘇海苔捲、青菜芝麻拌飯捲等，平常不會捲起來的料理全都捲成壽司了。便當盒則是倒過來用，利用便當蓋做出「盛盤」的感覺。

㊵ 漸層稻荷壽司

池水美都（公司職員）

形狀簡潔、顏色單純、取漸層意象的稻荷壽司。豆皮部分是分別用淡味高湯、普通高湯、黑糖加黑芝麻汁煮出來的，做出褐色的漸層效果。稻荷壽司裡分別摻進了小松菜和柚子胡椒、柴魚片和梅子和芝麻、茗荷和辣韮等，滋味多樣，可充分享受飲食之樂。

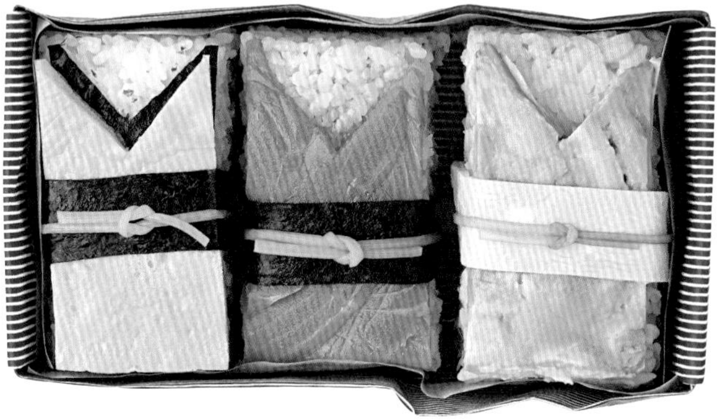

㊶ 和服壓壽司

荒巻洋子（自由編輯）

三種外觀恰似和服的壓壽司：玉子燒、鮭魚、酪梨。玉子燒版是醋飯裡壓進雞肉鬆，酪梨版是壓進罐頭鮪魚拌美乃滋。腰帶採用海苔和薄煎的玉子燒，繫繩則用山芹菜。便當盒是用和紙折成的。

㊷ 開放式稻荷壽司

竹本真梨子（公司職員）

適合秋天帶去遠足的稻荷壽司。豆皮部分用醬油、砂糖、高湯煮好，然後填入散壽司，並露出開口。配料有鮭魚子佐荷蘭豆、扇貝佐紫蘇葉、蟹佐炒蛋、蝦佐糖醋漬蓮藕等，色彩鮮艷，再裝飾清蒸大頭菜、茼蒿等。下面鋪滿以楓葉模型壓出來的胡蘿蔔。

想讓法國人品嘗的便當

據說巴黎人也很流行說「OBENTO」（「便當」的日文發音），難道已經成為世界共通語言了嗎？松嶋啓介一個人遠赴法國，成為日本最年輕的米其林星級主廚，並開設法式料理餐廳，這次，他要和我們一起思考「想讓法國人品嘗的便當」。

料理喚起自我認同感

一九七七年出生於福岡縣。在「エコール辻東京」（東京的國立料理學校）學習料理後，進入東京澀谷的「LE VINCENNES」餐廳，然後於二十歲遠赴法國深造。二十五歲於法國尼斯開設法式餐廳「Kei's Passion」，第三年，即二〇〇六年獲得米其林一星評價，同年更改店名為「「KEISIKE MATSUSHIMA」。二〇〇九年，於東京原宿開設「Restaurant-I」餐廳，目前共有四家店。

松嶋啓介

松嶋啓介於二〇〇六年獲得法國米其林指南一星評價後，將這間開設於法國尼斯的餐廳重新裝潢，更名為「KEISUKE MATSUSHIMA」並擴大營業，結果又再次拿到星級殊榮。他將透過這個自訂的主題，聊聊他對於日本與法國飲食文化的深度思考。

＊＊＊

「在法國扎根，以法國料理決勝負。」當初我是抱持這個想法在尼斯開店的，現在，我也把這個想法注入便當中，做出「想讓法國人品嘗的便當」。

普羅旺斯燉菜、布根地風味的蝸牛、巴斯克風的燉煮雞肉、醃竹筍、鵝肝醬等，便當的配菜全是標準的法國鄉土料理，但其實這些料理法國人已經愈來愈少吃了。

法國人的飲食生活近年來產生極大變化，據說在家裡下廚的時間只有原來的三分之一，坐在餐桌上的時間也減少了。

對現代的法國人而言，比起傳統的套餐，他們反而更能接受簡便的便當，或許這就是便當流行的原因吧。

吃祖國的料理能夠喚起自我認同感，也就能夠連結到對祖國的歸屬意識。當然，逐漸接受他國文化並非壞事，但對於正在流失自我認同感的法國人，我希望能夠讓他們了解到自己國家飲食文化的可貴。這次，我就是以根植於法國飲食文化的傳統料理，做出「想讓現代法國人品嘗的便當」。

身在法國的我，如今可以做的，是守護已日漸淡薄的法國傳統飲食文化，並逐步革新為帶有我個人風格的法式料理。

43

法國傳統料理便當

松嶋啓介（法式料理主廚）

要如何進入法國料理的大門，我想，關鍵就在法語「cuisinier」這個字。「cuisinier」意指料理人，由「cuisson」（調整火候）與「maîtriser」（掌握）兩字結合而成，換句話說，在法國，料理人意指「能夠掌控火候的人」。利用燒烤、烘烤、燜煎等各種方式來調理食材，展現風味，是法式料理的基本想法。

這次我所製作的便當，配菜全都是承襲這種基本概念而來的法式傳統料理。

雙層便當的下層，有醃竹筍、鵝肝醬，還有代替甜點的芒果乾和杏仁乾等。

1

2

1. 用法國麵包代替飯。

2. 上層有普羅旺斯燉菜、布根地風味的蝸牛、巴斯克風的燉煮雞肉（將雞腿肉和番茄、洋蔥等一起燉煮）等，將法國當地的傳統料理各放一些進去。

㊹ Si, mais ça va, souci（醃鯖魚壽司）

遠山正道

這次，我自己訂便當標題，自己寫劇本。標題為「是的，那妳好嗎？我很掛念妳」，法文是「Si, mais ça va, souci」，發音剛好跟「醃鯖魚壽司」的日文發音一樣。

我：從沒想過晚上妳會不在我身邊，啊，娜塔莉，為什麼妳要離我遠去？
娜塔莉：怎麼了？我很喜歡你的。
我：啊，娜塔莉，自從上次分開後已經兩個月了，妳好嗎？我很掛念妳。我要送妳醃鯖魚壽司。

以上……（笑）。其實我做的是「烤鯖魚壽司」。這是法國一家怪怪日本料理店推出的一款料理，我模仿它製作的。

1

1. 烤得漂漂亮亮的鯖魚壽司。將鯖魚片用砂糖稍微醃漬一下，脫水後醋漬三到四小時，然後用烤箱慢慢烤熟。訣竅是皮面朝下，放上芝麻和紅蔥頭，再將事先捏成棒狀的壽司飯放在上面，整理好形狀。／2. 用薄木片包起來，點綴酸橘。

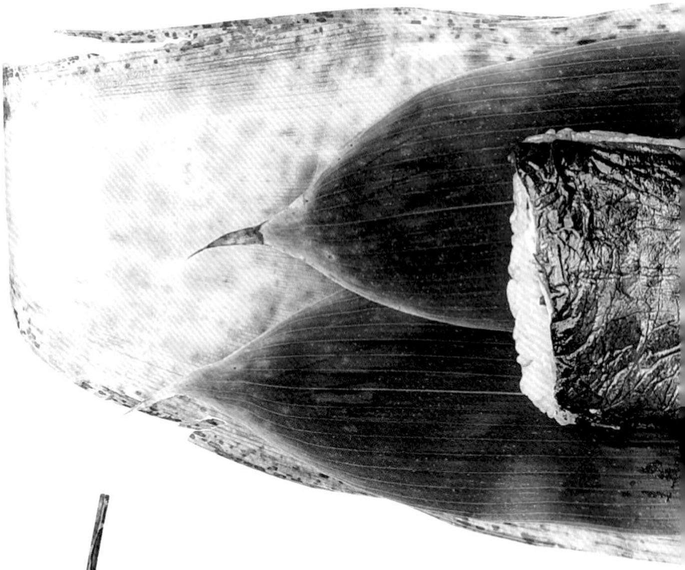

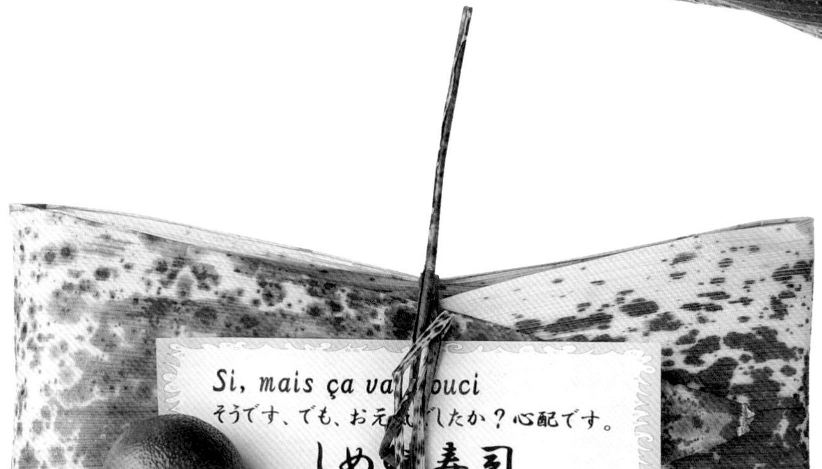

2

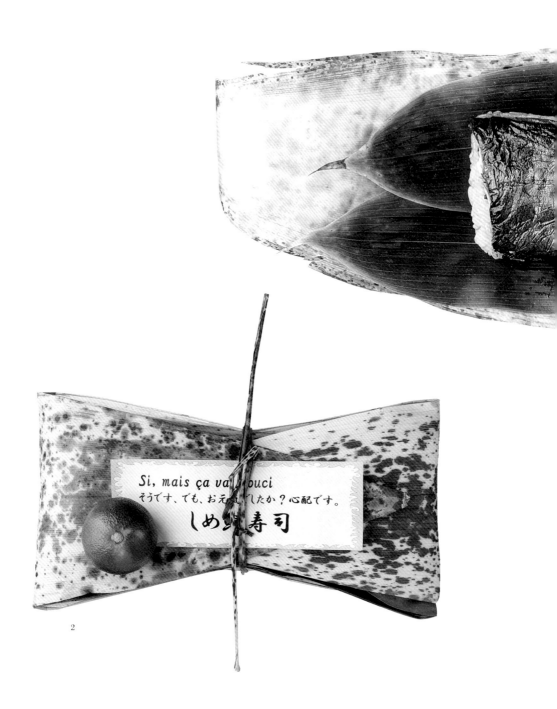

㊺ 瑪莉・安東尼便當

池水美都（公司職員）

1

3

2

這是法國王后瑪莉・安東尼的卡通肖像便當，以法國人感興趣的各種食材製成，一共三層。

1. 以動畫風表現瑪莉・安東尼。身體用火腿、臉用起司片、眼睛是海苔、頭髮是黃櫛瓜、長髮捲是玉子燒、玫瑰花是醃漬大頭菜、蕾絲則是用鱈寶（以白肉魚及山藥製成的魚漿製品）做成的。／2. 加了食用花的沙拉。／3. 使用十穀米和二種香鬆做成的海苔便當。文字部分用蛋、海苔和鱈寶來表現。

3

1

2

46 黑色蟲蟲便當

柴田智子（插畫家、設計師）

我要大膽向不吃「黑色食物」的法國人推薦這款便當。便當盒特別精選適合放圓形貝殼的和式圓型木盒。1. 蝸牛殼裡放黑色的佃煮，有蜂斗菜、昆布、法國人大概會嚇到的蝗蟲、黑腹鱎、蛤蠣等。／2. 以日本米為基底，加上各國的豆子和雜糧做成的沙拉。／3. 附上可以將1和2捲起來吃的正方形海苔片。並附上蛤蠣貝殼，當成盛取各種佃煮的小碟子。

47 法國風景便當

小西真理（創意總監）

用和食來表現法國飲食名勝的風景。1. 標題為「布根地的葡萄園」。用柴魚高湯浸泡瑞士甜菜（為了不讓顏色變濁，以柴魚高湯取代一般的醬油）；以橄欖油炒櫛瓜，再撒上柴魚片；用紅豆加上佃煮鰻魚，表現出遼闊的大地；葡萄則用蒸熟的金時地瓜。／2. 標題為「普羅旺斯的黃昏」。橄欖油炒黃櫛瓜薄片；胡蘿蔔切成0.3公分寬，鹽炒；鹽水煮蘆筍；用雜糧米和雞肉鬆、炒蓮藕等，表現出肥沃的大地。

1

2

1

⑷⑻ 茶巾壽司便當

竹本真梨子（公司職員）

2

希望讓法國朋友知道日本的美好而做出這款和式便當。利用茶宴上使用的小甜點盤「緣高」當便當盒。1. 上層：基座是十穀米做成的醋飯。上面是將切成長方形的蛋皮對折，然後一端不切開，一端切成長條狀，再捲起來，用海苔裝飾收束的部分。中層：裡面為散壽司。用薄蛋皮包起來，再用山芹菜綁好。下層：基座和上層一樣。將魚板薄片切出呈放射狀的切痕，再反折進切痕裡，上面裝飾嫩葉。／2. 配菜。煮章魚和芋頭，醬燒秋刀魚。

御便當圖鑑 04

【異國風味便當】

49

三色咖哩

河村春菜（公司職員）

加了豆腐、蓮藕、牛蒡的黑色咖哩，以及白飯、毛豆組合而成的三色便當。黑色咖哩是將蓮藕、牛蒡切細後一起炒，再放進瀝掉水分的豆腐，炒到乾鬆後，放入水和壓成薄片狀的咖哩粉，最後放入黑芝麻粉。便當盒使用放入黑色咖哩也不容易被染色的「野田琺瑯」圓型容器。

㊿ 西班牙海鮮燉飯便當

HILLSIDE PANTRY 代官山　製作團隊

1

2

1. 海鮮燉飯上面放嫩煎蝦子和干貝。／2. 紫甘藍、櫛瓜、櫻桃蘿蔔等有機蔬菜搭配二種沾醬（紅甜菜、南瓜）。運用該店盛裝進口食品的木盒作為便當盒。

51

斯里蘭卡的香蕉葉包飯

H. Ajith Perera（斯里蘭卡料理研究家）

1. 在斯里蘭卡，妻子會為外出務農的丈夫製作這款香蕉葉包飯。為了讓先生有體力幹活，便當內容是有魚、肉、蛋等營養豐富的飯菜，而為了保鮮，傳統上是用香蕉葉包起來。配菜方面，有斯里蘭卡風的炸馬鈴薯、椰子油炒茄子、咖哩雞肉等。／2. 斯里蘭卡常見的椰子巧克力「鳥巢」。

1

2

52

美式辣肉醬飯

小堀紀代美（料理家）

視覺上很可愛，營養也很均衡的美式辣肉醬飯。辣肉醬的做法是，將紅腰豆和絞肉，與辣椒粉、香味蔬菜（洋蔥、西洋芹）、番茄、葡萄酒一起熬煮，再用孜然、茴香和肉桂增添風味。飯上面放帕瑪森起司、生菜、番茄、酪梨、美式辣肉醬，最上面放半熟的荷包蛋，再撒上少許胡椒。

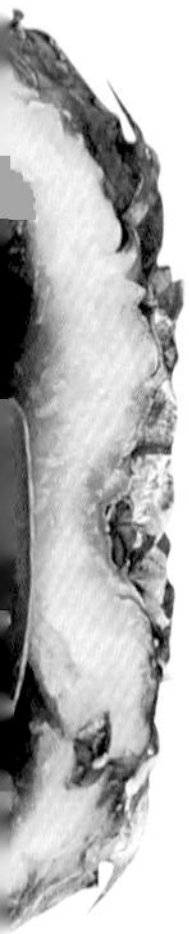

1

2

⑤③ 鳳梨的炒麵便當

小林純子（主婦）

1. 以鳳梨當容器，裡面放軟殼蟹、鹽味炒麵、與鳳梨很搭的糖醋豬肉。容器的做法是，將鳳梨約從五分之二處縱向切開，用葡萄柚刀將果肉挖掉，再鋪上香蕉葉。／2. 將挖下來的鳳梨果肉和胡蘿蔔一起打成果汁。

54

塔布蕾沙拉（古斯米沙拉）

柴田智子（插畫家、設計師）

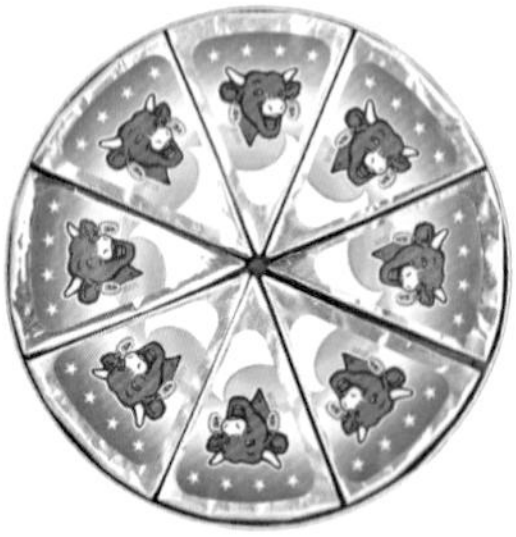

將數種蔬菜切成同樣大小，呈現繽紛色彩的塔布蕾沙拉。橄欖、酸黃瓜、辣味羊肉串燒、哈里薩辣醬（地中海地區原產的調味料）、新鮮的橄欖油和檸檬，粗鹽和黑胡椒則隨意。附上笑牛牌起司。

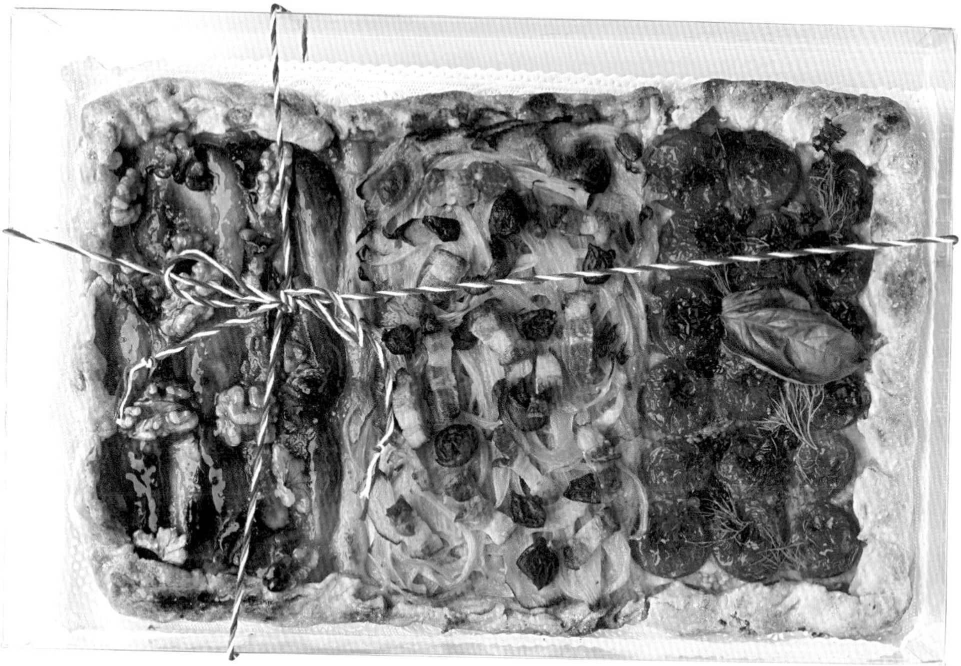

55

禮物塔

大谷尚史（公司職員）

做成禮物模樣的餡塔。右起分別為前菜、主菜和甜點，組成套餐。前菜的配料是水果番茄、鯷魚、起司、鹽、羅勒。主菜的配料是洋蔥、培根、黑橄欖。甜點的配料是無花果與核桃。便當盒使用裝新娘捧花的壓克力盒，再繫上三色細線。

56

土耳其的鷹嘴豆泥

與田良介（學生）

原味鷹嘴豆泥（左）、加了番茄及香辛料的特製鷹嘴豆泥（右）。沙拉的做法是，用橄欖油、鹽巴和西洋醋，涼拌番茄、小黃瓜和洋蔥，做成土耳其風味。附上用高筋麵粉和水做成的印度烤餅。

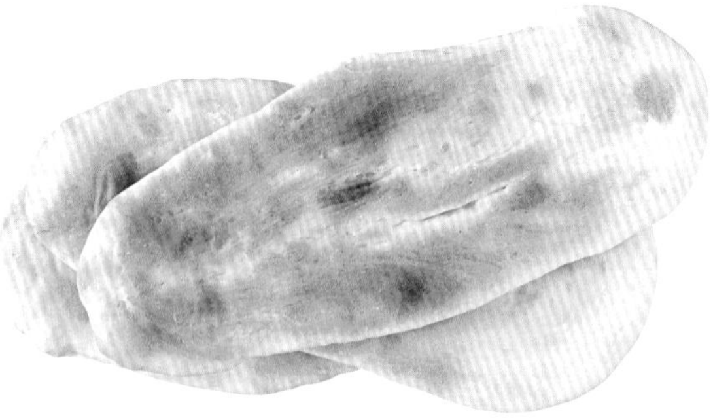

Surprise!

便當的醍醐味在於打開盒蓋那一瞬間的驚喜。身兼廣播電視企畫及編劇的小山薰堂，私底下也很喜歡為身邊的人製造各種驚喜，接下來，就和他一起來思考讓人大呼「Surprise!」的便當吧。

發想的原動力

一九六四年生。廣播電視企畫及編劇。就讀日本大學藝術學系廣播電視學科時，便開始接觸廣播電視企畫工作。他所製作的電視節目「料理鐵人」、「生活說明書」入圍國際艾美獎，首度創作的電影劇本《送行者：禮儀師的樂章》即榮獲國內外多項大獎。目前的寫作活動包括散文連載、小說、繪本翻譯、作詞等。也參與熊本縣地方觀光行銷企畫活動，相當活躍。

小山薰堂

小山薰堂是一位廣播電視企畫及編劇，製作過「料理鐵人」等受歡迎的電視節目，並首度創作電影劇本《送行者：禮儀師的樂章》即榮獲國內外多項大獎，目前更跨足其他領域，極為活躍。他從大學時代起就很喜歡製造驚喜，現在也經常為同事製造驚喜而獲得「驚喜達人」封號，因此，我們來向他請教發想點子的訣竅。

＊＊＊

說到點子，我想，全新的點子忽然閃現，這種事在現實生活中應該不多吧。

我認為點子是在思考過程中，資訊與資訊碰撞出來的。

例如，茶道中有一種「把一件物品看成另一件物品」的概念，我覺得很有意思，於是想出「把鍋子看成便當盒」這個點子，因而有了今天的主題。

至於如何實現這類靈光閃現的發想，我認為具體的方法就是「去思考為了誰而做」。不論何種狀況，若你是針對不特定多數的人去進行思考，你的目的就會變得散漫。

以這次的活動來說，我先確立目的是「讓主持人遠山正道說出：『啊，被你騙了！』」，再去思考過程該怎麼做比較有趣。以旅行來說，就是先決定目的地，再去思考怎麼走比較好玩。

電視節目也一樣，我多半是從思考「怎麼做才能讓節目製作人沒話說」開始的。

工作也好、便當也好，發想點子的方式應該都差不多吧。用這種方式製造出來的驚喜，一定能成為加深人際關係的黏著劑。

57

驚喜連連的千層便當

小山薰堂（廣播電視企畫及編劇）

說到讓人大呼「Surprise!」的便當，我想到的是「松花堂便當」*。松花堂便當的起源是從利用並非餐具的容器來充當便當盒而開始的。我覺得這種「把一件物品看成另一件物品」的概念很有意思，於是動起一個念頭：「想用平常想不到的東西來做便當盒。」結果，我用的是鍋子。

打開蓋子，看到沙拉，再看到下面是海苔，到這裡還算是家常菜，但再看下去，飯和松茸出現了，最後是甲魚粥這種平常吃不到的料理。

所謂「驚喜」，重點在於「情緒的起伏」。這次我所製作的，就是將驚喜如千層派般層層堆疊的便當。

*註：江戶時代的茶人「松花堂昭乘」將農夫裝種子的正方盒作為茶會上使用的菸草盒。昭和時代的料理人湯木貞一將這種四方形且有十字分隔的盒子用來裝便當。

3

1

4

2

1. 外側繫上緞帶的鍋子。／2. 拿掉緞帶後，就是一個平常的鍋子。／3. 打開鍋蓋，映入眼簾的是水菜沙拉。／4. 吃下去，分隔用的海苔登場。／5. 海苔下面是可樂餅、德式香腸、鮭魚、切碎的高菜漬等小山先生愛吃的食物，組合成一道美味的海苔便當。／6. 繼續吃下去，是滿滿的柴魚片。／7. 最後出現的是松茸和白飯。／8. 將另外準備的甲魚湯倒進去，放在圖 10 的瓦斯爐上，再放入蛋液，煮成松茸甲魚粥。／9. 小山先生特別訂製的攜帶型蛋盒。用造價數萬圓的盒子裝數十圓的蛋，也是一大驚喜。

7

5

8

6

10

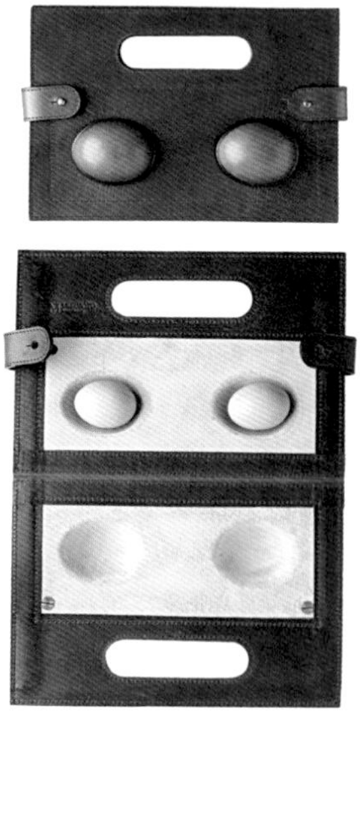
9

㊽ 魔術變出來的便當

遠山正道

我小時候是個魔術師，說到令人驚喜的便當，自然想到魔術。

先是要從白色手絹裡變出一隻雞，結果變出來的是一隻活生生的鴿子。正為「鴿子不能吃」而傷腦筋時，空鍋裡竟然出現烤雞！

空手搓揉，揉出沙沙落下的七味粉。再從折好的紙袋中變出薑汁汽水，從我的鞋子裡變出香蕉當甜點。最後說聲：「謝謝～！」現場白色雪花紛飛，氣氛該有多熱烈啊！

只可惜，試吃會上，沒人願意碰我從鞋子裡變出來的香蕉。

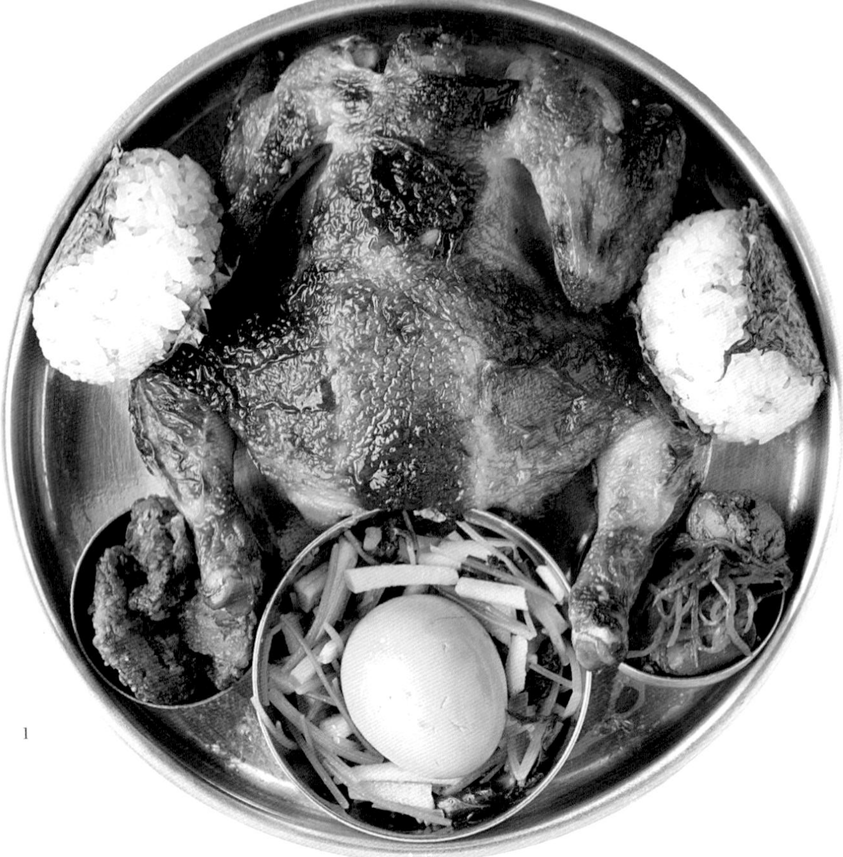

1

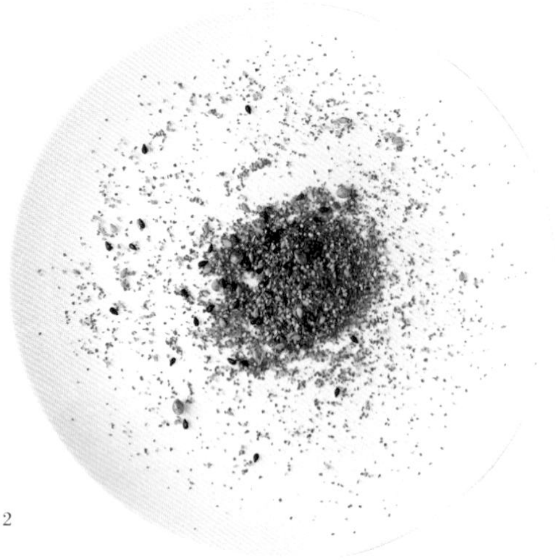

2

3

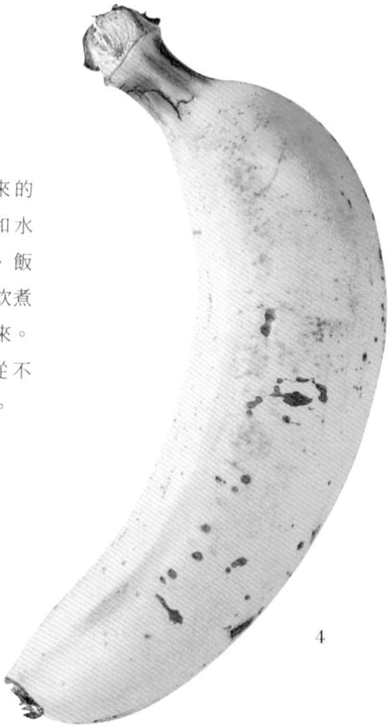

4

圖 1 是用魔術變出來的便當，內容是烤雞和水煮蛋、雞胗、雞肝、飯糰等。飯糰是用雞湯炊煮後，再用青紫蘇捲起來。圖 2、3、4 分別為從不同地方變出來的東西。

※ 可上網觀看變魔術實況 http://bit.ly/bunshun_toyama

59 現代藝術三明治便當

伊藤 維（食物造型師）

1

2

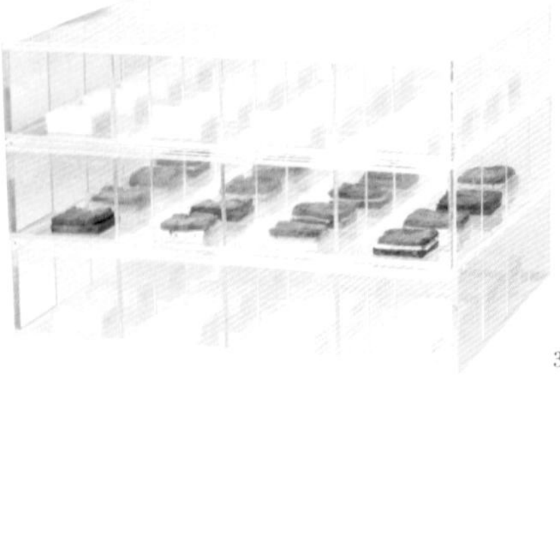

3

打開包裝，出現裝在三段壓克力盒裡的現代藝術精品。中間那二層板子是可以滑動的。1. 上層和下層是麵包。／2. 中層是三明治的夾餡。將烘烤後再醃漬的甜椒、切成薄片再烘烤的紫心地瓜和地瓜、芒果和叉鞏佐拉起司疊成三層，再切成小四方型。／3. 壓克力盒的上層和下層放麵包，中層放夾餡，只要拉開壓克力板，就能將麵包和夾餡組合成三明治，精彩又好玩。

⑥⓪

「月光沙漠」古斯米便當

近藤千尋（產品研發員）

1

2

3

1. 打開那一瞬，「只有這樣？」而令人失望，但其實古斯米底下有許多燉煮料理。紫高麗菜做成的駱駝，當淋上當成月亮那片檸檬的汁液後，就變成粉紅色了（圖2），這也是驚喜之一。／3. 古斯米底下藏的是：加上孜然一起蒸煮的紫高麗菜、番茄小黃瓜沙拉、白菜豆煮番茄、香料燉煮雞肉和洋蔥。

3

2

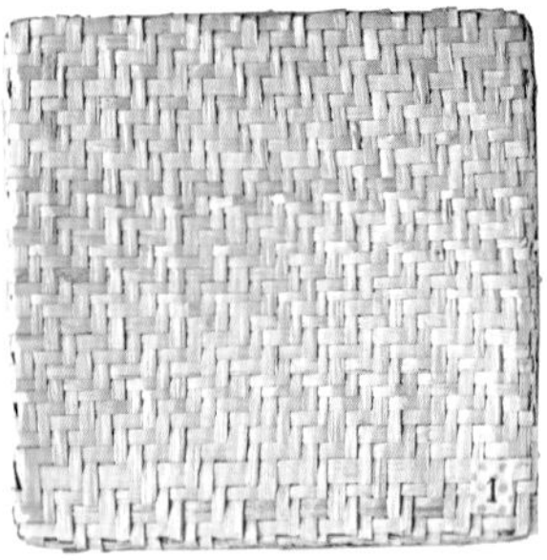

1

4

5

61 蜜蜂便當

藤井愛子（公司職員）

將巢蜜整個放進去的鬆餅便當。打開的過程也是驚喜連連。1 ～ 3. 將疊成三層的編織盒蓋一層層打開，發現紙做的蜜蜂愈來愈多隻。／4. 打開最後一個盒蓋，出現的是整個巢蜜。／5. 最下面的盒子裡，是用各一小匙原料煎成的鬆餅，分別為原味和巧克力口味，用以表現蜜蜂的顏色。附上蜜漬蘋果和撒上肉桂粉的奶油起司。叉子也是用黑色和金色的紙膠帶纏起來，蜜蜂感十足。

62

水果籃便當

寺田 愛
（編輯）

1

將水果挖空，再裝入菜餚的驚喜便當。適合帶去送給身體微恙的人。1. 右上起分別為紅椒：醃漬紅椒和洋蔥和鮭魚；南瓜：南瓜和地瓜和葡萄乾的沙拉；柳橙：胡蘿蔔和柳橙和芥末粒的沙拉；蘋果：加了蘋果、馬鈴薯和罐頭鮪魚的義大利麵；香瓜：加了泡在水果罐頭汁液中的棉花糖一起做成的水果雞尾酒。栗：栗金團。／2. 乍見之下只是普通的水果。

2

御便當圖鑑 05

【和風十足的便當】

63 鰻魚飯

藤井愛子（公司職員）

明艷動人的鰻魚便當。為了不讓鰻魚久放而失去光澤，醬汁特別加了一點砂糖下去熬煮。小黃瓜和蘿蔔用鹽巴、磨成粉的昆布一起搓揉，是自創的速成泡菜。便當盒是使用「相澤工房」的不鏽鋼便當。另外附上用薄紙包起來的山椒粉。

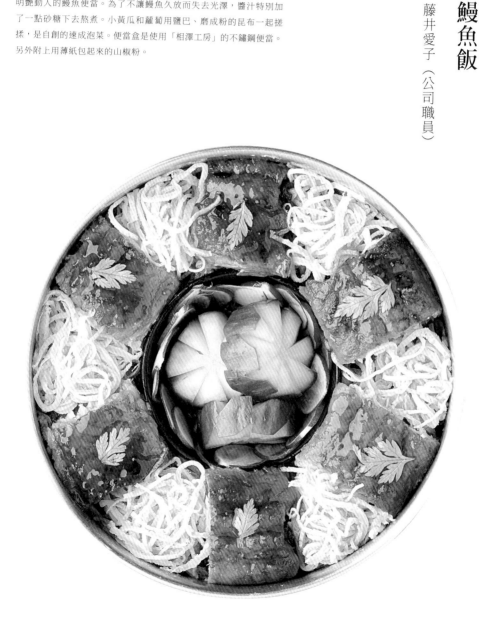

64

秋天風味的車站便當

鵜巢順子（公司職員）

1

2

1. 雞胸肉上面塗鹽麴，再撒上昆布粉，靜置一晚，於皮面戳洞，從皮面開始煎。煎好後放在味道很搭的生薑飯上面，再擺上糯米椒、鹽煎銀杏。／2. 用雞腿肉做高湯，用厚肉的香菇取代松茸，一起做成茶碗蒸，再淋上用剩餘高湯溶成的芡汁。四周用食用菊來增添色彩。便當盒使用雙層的木製圓盒。

65 粽子便當

池水美都（公司職員）

1

2

裝滿粽子和故鄉鹿兒島風味菜的便當。1. 涼拌櫻島蘿蔔乾絲、魚露煮豬肉等，一共五種。／2. 用干貝和香菇熬成的高湯來炊煮糯米飯，然後和栗子甘露煮、豬絞肉、胡蘿蔔等配料一起包成粽子。附上黑醋煮丁香魚、炸魚餅等，以鄉土風味為主。

⑥⑥ 芋頭、茶巾、稻荷便當

小山千春（藝術指導）

1

2

3

以根莖菜為主，利用養生食法所自創的時令便當。1. 地瓜 × 紫心地瓜、芋頭 × 南瓜等二種茶巾點心*。／2. 撒上黑芝麻、混拌鹽漬蕪菁葉等二種稻荷壽司。／3. 玉子燒、大頭菜的柑橘醋漬、蓮藕拌柚子胡椒等秋味十足的配菜。

* 註：地瓜蒸熟後搗成泥狀，加入糖、鹽調味，以茶巾塑型而成的日式點心。

1

2

67 鮭魚親子便當

生駒夕紀子（料理教室主理人）

這款便當運用了懷石料理老店「辻留」使用的「輪島海鹽」，以及當令的食材。1. 秋鮭用鹽麴和西京味噌醃過，煎好後搗碎，放在飯上面，再撒上鹽味鮭魚子和銀杏。／2. 玉子燒、鹽麴煎豬里肌肉、柴魚蒟蒻、甜辣扇貝、菊花拌香菇等，全是使用輪島海鹽。

68

梅乾便當

尾崎博一（公司職員）

利用當令食材做成，專為能夠品嘗到白飯美味而設計的便當。白飯上面撒一點鹽和白芝麻，再放上酸酸甜甜的梅乾。配菜是葡萄酒醋炒三種蘑菇、炸蓮藕、薑汁燒肉、燙茼蒿拌海苔、加了砂糖醬油的玉子燒。便當盒是使用秋田杉製成的木盒。

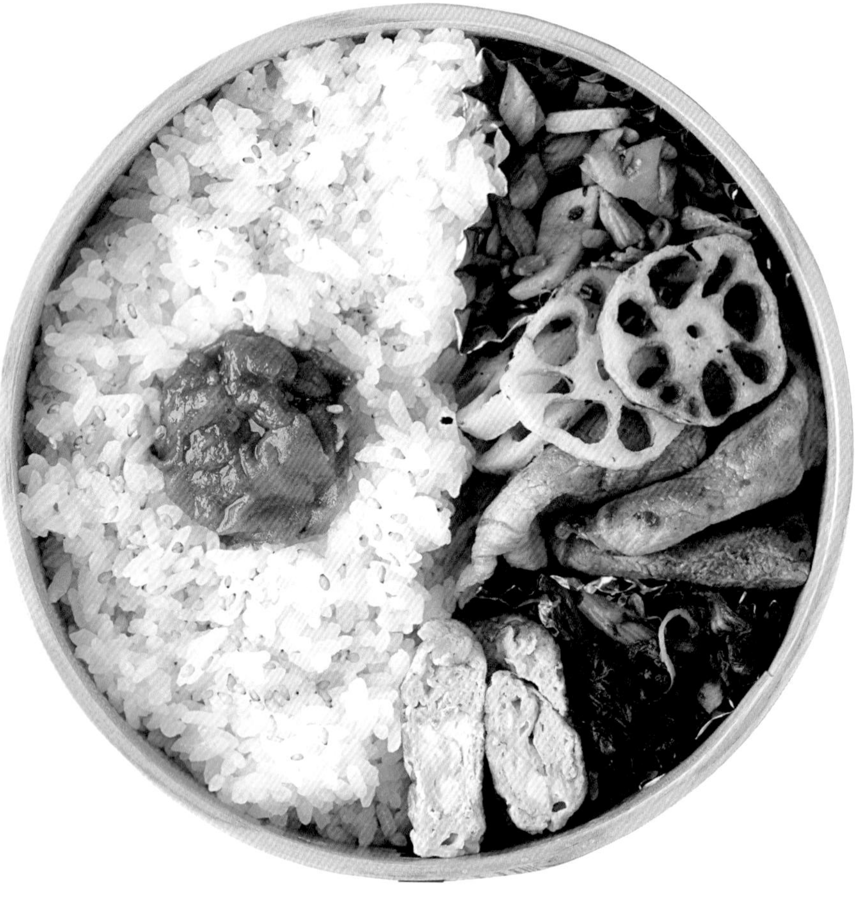

69

傳統發酵食品便當

東條惠美（甜品企畫師）

1

2

1. 鹽麴醃漬的有機蛋黃、鹽麴醃漬的靜岡 amela 番茄、生火腿酒糟起司捲等，可以享受「日本酒與發酵食品」的和風便當。／2. 以「月夜的植物園」為意象而精選出各種蔬菜，分別放入已經裝了起司或味噌的容器裡，再噴灑上純米酒「乾坤一」，使之散發日本酒的香氣。

⑰

盛滿日本傳統文化的便當

佐藤　圭（公司職員）

1

2

結合美麗的日本傳統文化與當令食材的便當。杉木製的便當盒裡裝入紅色小碟。1. 辣椒拌茗荷、三種山椒小魚飯糰（茗荷、芝麻紫蘇、醃漬青菜）。／2. 鹽麴薑汁燒肉、醃漬迷你番茄、毛豆拌小黃瓜和茗荷、紫蘇厚片煎蛋。

季節滋味

身為日本人，想利用當令食材做出讓人感受到季節滋味的便當。現在，就跟老鋪名門料理店「辻留」的第三代店主、至今仍活躍於第一線的辻義一先生，一起探尋日本料理的本質吧。

懷石料理之心

辻義一

昭和八年出生於京都。茶懷石料理名店「辻留」的第三代店主。擔任辻留料理塾、大阪青山短期大學的講師。著作有《辻留的日本料理入門》（經濟界）、《辻留料理塾》（文化出版局）、《魯山人，發揮器皿與料理的原味》（里文出版）等（以上書籍未在台灣出版，書名暫譯）。

辻義一是老鋪名門料理店「辻留」的第三代店主，曾住進絕代雅士北大路魯山人位於鎌倉的家，在那裡精進廚藝，今日仍站在「辻留」的料理現場。此外，他也主持專為女性設計的講習會和料理教室，教授日本料理的基本原則與家常菜。我們來聽聽他以獨具魅力的方式講述「料理之心」。

＊＊＊

懷石料理有三大關鍵，這三大關鍵既是「辻留」款待客人的心，也是日本料理的基本原則。其中，最重要的一點是「使用當令食材」。如各位所知，懷石料理的基本原則就是使用季節性食材。春為二、三、四月，夏為五、六、七月，秋為八、九、十月，冬為十一、十二、一月，春夏秋冬比我們日常的感覺來得早一點。而所謂「當令」，就是該食材最美味的時期。既然要做料理，必須知道什麼料理在什麼時節最美味。

第二大重點是「發揮食材原味」。料理是從採購那一刻便開始了，因此大前提即是採購品質良好的食材。例如，現在採購的方式非常多，甚至可以事先預訂，但不論以哪種方式取得，「能夠吃出味道的不同」最重要。味覺是可以訓練出來的。

第三大重點是「讓人能夠美味享用料理」。例如，吃的人如果是高齡者，應該沒辦法吃太硬的東西吧，於是為了讓對方吃得輕鬆方便，刻意選擇柔軟的食材，或是在食材裡劃幾刀等，運用各種料理方式讓食物變得更軟、更容易進食，這種用心極為重要。料理之前要了解對方，用心設想，對方就會吃得很開心，換句話說，不光是講究技術，還要抱持著體貼之心，才能做出真正美味的料理。

⑦1 飯糰便當

辻 義一（懷石料理家）

因為工作的關係，我每天都在利用當令食材製作細膩的懷石料理，我個人認為，便當的原點是「飯糰」。

因此，今天我特別捏了很多飯糰請大家品嘗。我刻意將飯糰捏得很小顆，方便大家手拿，一口吃一個。

配料是梅乾和柴魚片。不論大熱天或濕氣重的日子，都會覺得這種飯糰很好吃。

只要是用心做出來的便當，都有製作者的心思在裡面。因此可以說，透過便當，就能了解製作者的思想與人品。

用包袱巾將裝上飯糰的籃子包起來，帶著走。

籃子裡隨意擺上小小的飯糰。米是新潟越光米的新米。沒有捏得很硬，會在口中一下鬆開。裡面的配料是，將篩網篩過的梅乾和柴魚片混合，再用濃口醬油稍微調味。旁邊的小菜是奈良醬菜。

⑫ 白菜便當

遠山正道

敝公司的員工別莊的菜園位於河口湖，裡頭有我們自己栽種的季節性野菜，這個白菜，就是我昨晚特別到河口湖菜園摘回來的。

白菜一般都只當配角使用，但這是自己種的，而且長得很漂亮，我就用它來製作這款充滿季節風味的「白菜便當」。

先把米和白菜一起炊煮成炊飯，再用白菜包成飯糰；用白菜取代燒賣皮，做成白菜燒賣；用白菜心最甜最軟的部分做成甜醋漬等，清一色是白菜。最後，用白菜最外側的大葉子包成白菜便當。

1

1. 白菜是會釋放出鮮甜湯汁的蔬菜。在昆布高湯與白菜炊煮而成的白菜炊飯當中，放入少許鹽後捏成飯糰。豬絞肉、干貝乾、調味料混勻，再加入洋蔥末，稍微燙過後以白菜葉包起來蒸。／2. 用白菜包便當，擺上一支稻穗，妝點出新米季節的氣氛。順帶一提，這枝稻穗也是出自 Soup Stock Tokyo 的農田。

2

3 2 1

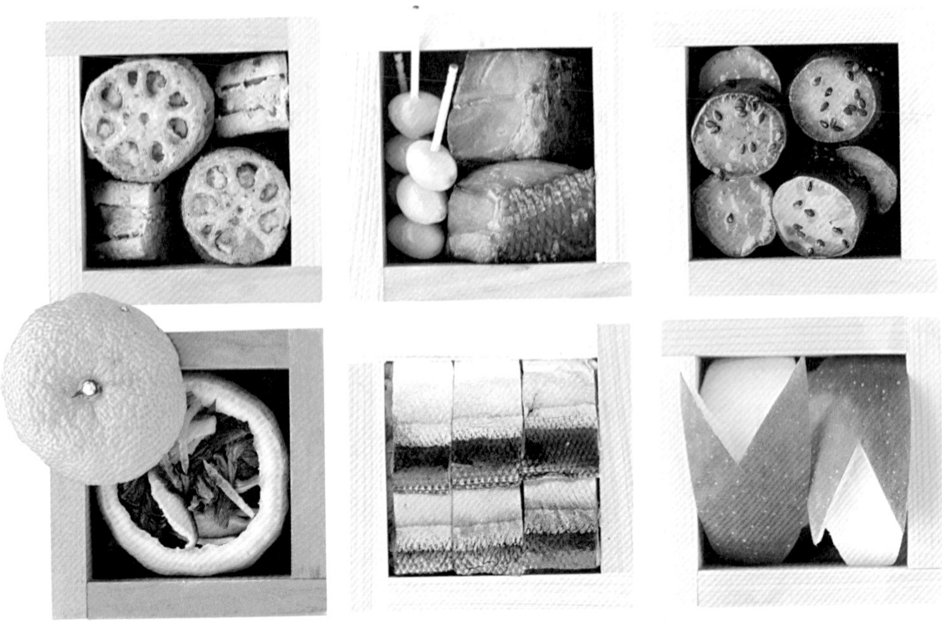

6 5 4

⑦③

「枡」便當

荒卷洋子（自由編輯）

7

刻意搭配菜餚和包袱巾的花色，並以「季節滋味」為主題，使用當令食材做出六道料理，分別放進日本的傳統計量器「一合枡」中，組合成「枡便當」。1. 拔絲地瓜。／2. 烤銀杏和烤醃鮭魚。／3. 蓮藕鑲肉。／4. 兔子造型的蘋果。／5. 秋刀魚壽司。／6. 香菇和菠菜拌柚子。／7. 包袱巾是將日式手巾對半裁開使用，分別購自「KAMAWANU」、「濱文樣」、「越後龜紺屋」。

1

⑦④「全心全意」便當

東條惠美（甜品企畫師）

2

一年一度拜訪平常蒙受其惠的人時，很適合帶這款融入「全心全意」概念的時令便當當伴手禮。1. 第一層是：北海道產的小栗南瓜裡填滿核桃奶油起司、安納芋番薯和核桃、炸豆皮捲鴻喜菇、袖珍蘋果、金橘、糖炒栗子等當令食材。／2. 第二層是利用當令新米與六種配料一起炊煮而成的飯糰，配料有紅豆、鮭魚、柚子、昆布、紅鳳菜、牛蒡，再搭配秋田杉製的美麗木盒。

⑦⑤ 「天空、草原、大地」便當

小西真理（創意總監）

1

2

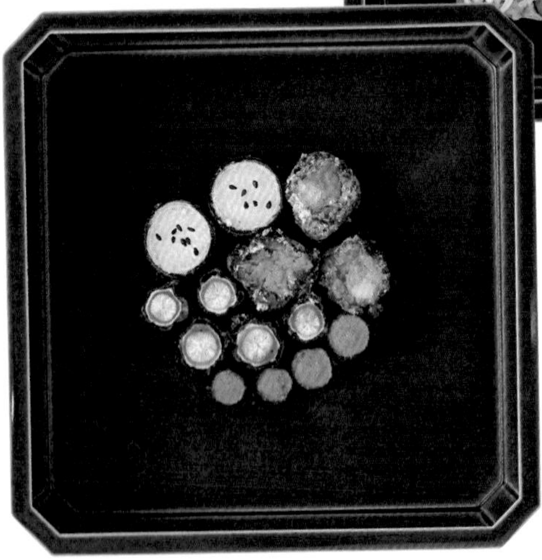

3

三層便當盒分別表現「天空」、「草原」與「大地」。1.「天空」盒裡放的是果實。柚子蒸鯛魚、酸橘醋拌菊花和鰺魚、鹽麴拌柿子和大頭菜，分別以該果實柚子、酸橘、柿子為容器。栗子裡放的是炒銀杏。／2.「草原」盒裡放的是生長於地面的食物。金針菇和舞菇的炊飯，再點綴蝦夷松茸。／3.「大地」盒裡放的是生長於地下的根莖類食物。炸牛蒡、焦糖胡蘿蔔、炸地瓜和南瓜。便當盒則是知名漆器「飛驒春慶塗」。

76

落葉便當

伊藤 維（食物造型師）

彷彿將落地的紅葉直接放進便當盒裡。將蝦子、茄子、舞菇、茼蒿等炸物用糙米飯包成天婦羅飯糰。再將蓮藕、地瓜、紫心地瓜等蔬菜切成薄片，用菜籽油炸成薯片狀。山藥豆則是油炸過再撒鹽。食用菊是汆燙後用甜醋醃漬。便當盒是淺寬的日式甜點用檜木盒。

御便當圖鑑 06

【別具巧思的便當】

77

南瓜便當

尾崎博一（公司職員）

打開包裝，一整顆南瓜堂堂登場，掀起蓋子，裡面是泰式打拋雞肉飯。配菜有雞豬絞肉和培根、九層塔炒鴻喜菇，最後裝飾新鮮的甜椒和小番茄。

78

調色盤便當

藤井愛子（公司職員）

以麵包當畫布，再塗上以「顏料」為意象的各種塗醬。紅色是甜椒，黃色是南瓜，黃綠色是毛豆，綠色是九層塔，粉紅色是鮭魚肉醬，黑色是芝麻糊。基座使用真正的油畫用調色盤。將各種塗醬放進小果醬瓶中，再貼上手做標籤。

79

杯子三明治

近藤千尋（產品研發員）

享用前，可先從紙膠帶的顏色去猜想裡面的配菜，然後用麵包夾著配菜吃。杯子裡的配菜分別是，褐色：叉燒；紅色：番茄汁煮蔬菜；粉紅色：罐頭火腿；白色：白黴起司佐蜂蜜；綠色：蘆筍醬。紫色：蒸煮紫色蔬菜。將配菜裝入百圓商店買來的杯子裡，放上麵包，再用繩子綁起來。

⑧⓪

園藝便當

竹本真梨子
（公司職員）

用做布丁的鋁製杯子當便當盒，裝進園藝用的籃子，再附上鏟子。從右上到下分別為：葡萄酒醋漬蘑菇、金山寺味噌漬蘿蔔、鮪魚塊佐昆布高湯漬蘆筍、炒牛蒡、牛肉時雨煮飯、飯上面擺放以抹茶染色的魩仔魚和食用花。

1

2

81

瓶瓶罐罐便當

河村春菜（公司職員）

1. 將當令食材裝進瓶瓶罐罐以保存美味，然後放進籃子裡，很適合帶出去郊遊，可放在麵包上或是夾成三明治享用。／2. 瓶瓶罐罐裡裝的全是自製美食：南瓜醬、蘋果醬、牡蠣佐百里香的肉凍、蔥和香菇的泡菜等。

⑧② 玻璃罐便當

小山千春（藝術指導）

1. 用玻璃罐當便當盒。用柑橘醋醃漬一晚的甜椒、茗荷、白芝麻，以及四季豆拌芝麻、蛋皮、醋飯等，一層層疊起來，做成視覺上和滋味上都很清爽的夏季風便當。／2. 從上面看，配色鮮艷美麗。

1

2

83

蛋盒便當

近藤千尋（產品研發員）

在雜貨店都看得到的紙製蛋盒中，放入蛋料理和點心（玉子燒、法式鹹派、法式甜品法布魯頓）。玉子燒是使用馬口鐵製的蛋型容器做成的。大量放入烤鮭魚和菠菜、蘑菇、雞肉、蓮藕等的法式鹹派，以及放入藍莓的法布魯頓，則是用小布丁模型烤出來的。

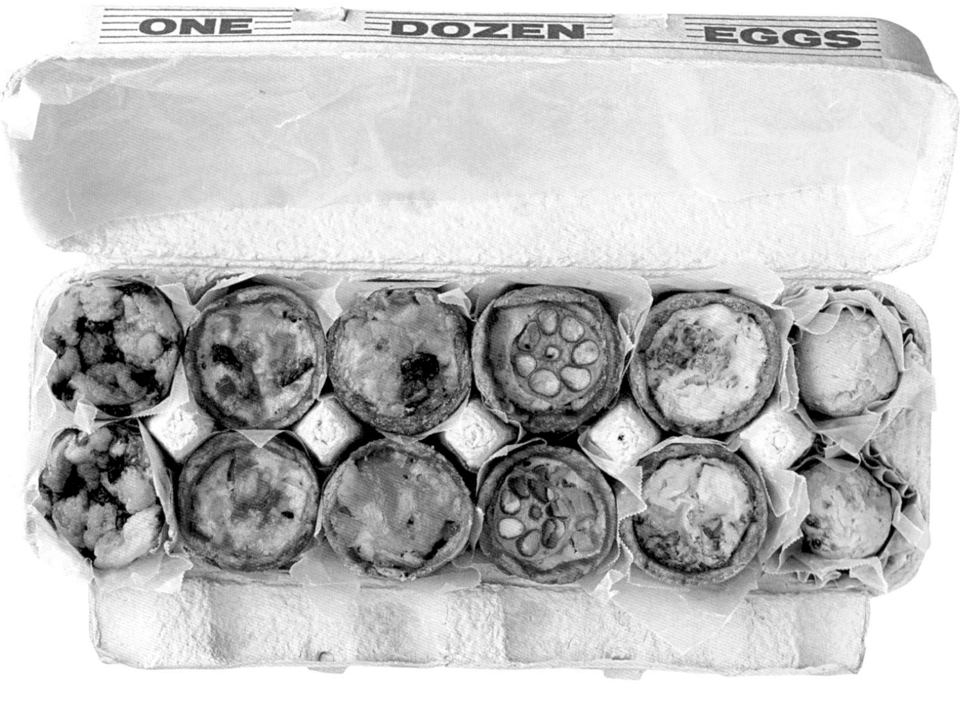

⑧④

「麵包的家」便當

小山千春（藝術指導）

1

2

3

連容器都是用麵包做成的。1. 特別請開麵包店的朋友烤的原創麵包。／2. 配料有薄荷茄子糊、橄欖油漬番茄乾、桃子醬。／3. 將麵包中間挖成小房子的形狀。

陰與陽

宇宙中森羅萬象的事物可分為兩大類：陰與陽。「陰陽學」是中醫基礎學問之一，平面設計師佐藤卓所奉行的養生飲食法，便是源自於此。他為我們訂出「陰與陽」這個主題，於是許多別具個性的便當陸續上場了。

飲食為一切之本

佐藤　卓

平面設計師。東京藝術大學研究所結業。曾任職電通股份有限公司，一九八四年成立「佐藤卓設計事務所」。從事商品設計、美術館與博物館的識別設計，擔任NHK教育台「日本語遊戲」的企畫與藝術總監、「Design Ah」節目的綜合指導等，跨足各領域。

從設計「明治好喝牛奶」、「樂天清涼薄荷口香糖」開始，到參與茨城縣常陸那珂市的地區活動「地瓜乾學校」、以日本東北的食與住為題的「手間暇／東北的食與住」大展等，平面設計師佐藤卓以設計為軸，用各種不同形式探索飲食。這次，他要與我們談談他的工作、食物與人的關連性。

＊＊＊

我經常思考，在人與人的接觸中，「設計應該扮演什麼角色？」。從前，有一位女性看到我所設計的「明治好喝牛奶」包裝，問我：「你設計了什麼？」當時，我真心認為：「感覺不到設計感的設計，其實才是最好的設計。」設計感過猶不及都不好，因此，讓人不特別意識到設計，才是恰如其分吧。

「地瓜乾學校」和「好喝牛奶」的命名方式有點像（笑）。我喜歡這種一下就能進入腦中的感覺。順帶一提，「地瓜乾學校」這個活動以「讓地瓜乾永續生存下去」為基礎，目的是為了製造更多機會，讓生活在這片土地的人們一起參與。當初，他們只請我開發商品，但我立了一個宏大的計畫：「既然要做，何不利用地瓜乾看天下？」三一一大地震後，我們與地瓜農舉辦討論會，現在也持續與地方人士進行各種活動。

任何事物都一樣，只要均質化就沒意思了。透過更加重視地域性和多樣性，各方面都會變得更豐富，而「飲食」自然不在話下。

我本身因為接受中醫師的建議改變飲食生活，身體變得更健康，因此我很明白飲食的重要性。飲食是生活的根本，從這個主題來思考國家未來的話，日本應該也會愈來愈健全吧。

⑧⑤

「陰陽山海」便當

佐藤　卓（平面設計師）

十五年前左右，一位中醫師幫我檢查體液，結果為「超酸性」。

這位中醫師說：「你的體質偏『極陰』。」

我一向沒什麼病痛，原本對健康很有自信的……。

當時，我愛吃的全是義大利麵、拉麵這類陰性食物。起初我半信半疑，但也開始尋找能夠溫暖身體的「陽」性食材，徹底改變飲食習慣，結果，半年內我瘦了六公斤，長年苦惱的花粉症也不藥而癒了。我因此深深感受到食物與人體息息相關。

這次，我便是基於自身體驗而提出這個主題，製作出講究陰陽食材的便當。

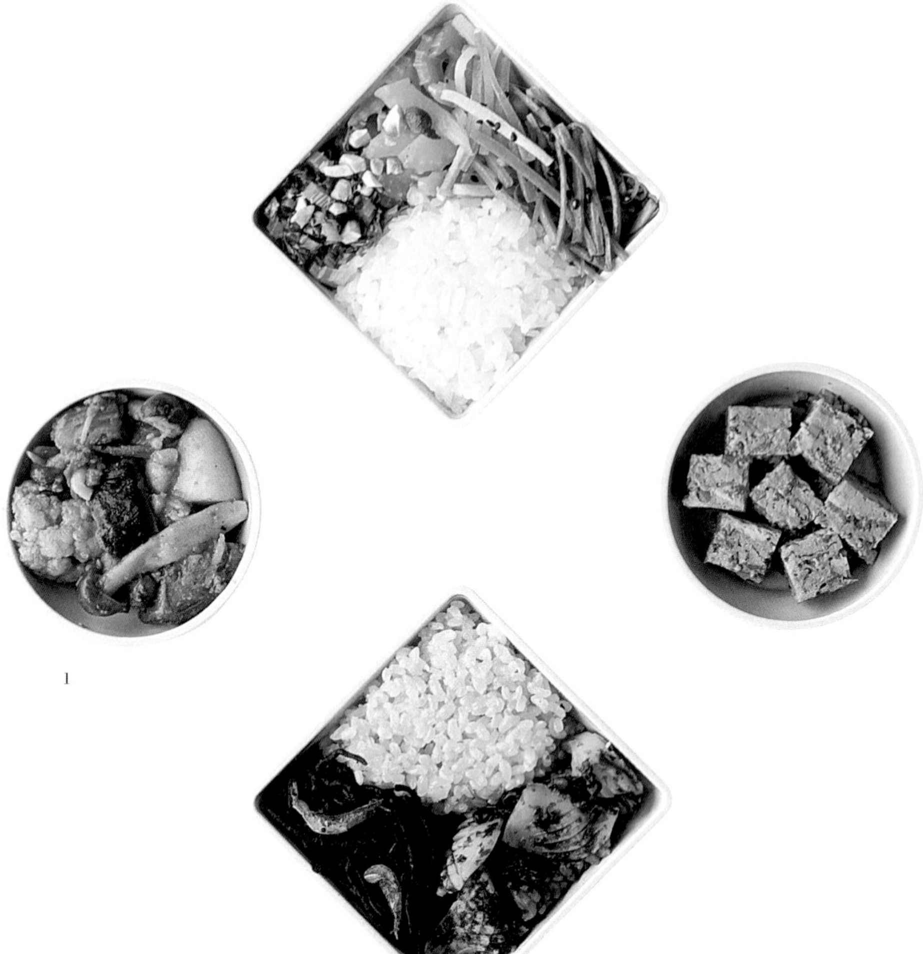

1

2

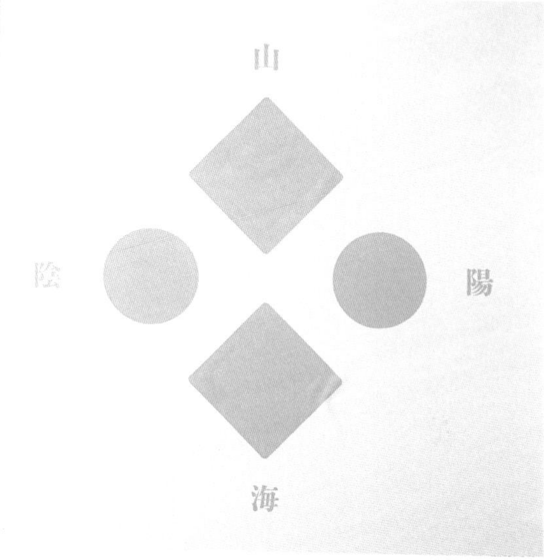

打開包裝，「陰」、「陽」、「山」、「海」四字分別置於所代表的菜餚旁邊。1. 左「陰性食材」為香料炒蔬菜（馬鈴薯、生薑、白花椰菜、茄子、鴻喜菇、番茄）。右「陽性食材」為牛肉和根菜的玉子燒（牛肉、牛蒡、蘿蔔、胡蘿蔔等煎成甜甜鹹鹹的玉子燒）。上「山的食材」：白米飯、分別鹽炒西洋芹的莖和葉、炒牛蒡和胡蘿蔔、鹽炒蘿蔔和胡蘿蔔。下「海的食材」：糙米飯、炒羊栖菜佐櫻花蝦、花枝拌佃煮海苔。／2. 描述陰陽關係的包裝和保鮮盒，也都是佐藤先生設計的。

陰性食材與陽性食材

陰性 ↔ 中庸 ↔ 陽性

（陰性）
- 茄子、番茄、鮮香菇、馬鈴薯、香蕉、鳳梨、葡萄、香瓜、梨子、山葵、胡椒、辣椒、豆漿
- 芋頭、大蒜、地瓜、山藥、蒟蒻、竹筍、豆腐、西瓜、柿子、各種堅果、生薑、黃豆
- 玉米、白米、菠菜、草莓、柑橘、蔥、納豆、白芝麻

（中庸）
- 麵粉、糙米、高麗菜、小松菜、白菜、蘿蔔、昆布、海苔、海帶芽、羊栖菜、蘋果、紅豆、黑芝麻

（陽性）
- 南瓜、洋蔥、海蘊、蓮藕、鰻魚、花枝、章魚
- 胡蘿蔔、牛蒡、蟹、比目魚、起司
- 鯛魚、鮭魚、沙丁魚、梅乾、味噌（天然）、醬油（天然釀造）、天然鹽

宜忌口的陰性食物：可樂、含糖飲料、日本酒（合成酒）、以砂糖為主原料的甜點、酵母麵包（含糖）、白糖、冰淇淋、甜餡麵包、化學調味料、牛奶

宜忌口的陽性食物：豬肉、羊肉、香腸、鮪魚、魚子醬、雞肉、蛋、粗製鹽、鯖魚、牛肉、火腿、培根、鯨魚、鰤魚

※以上資料摘自「日本CI協會」的官網。

⑧⑥「醬油、海苔、爬山」便當

遠山正道

根據我所查到的陰陽食物表，我平常愛吃的食物幾乎都被歸為「宜忌口的食物」，真不敢置信。於是我重新打起精神，勉力收集「有益健康」的食材而做出這款「醬油、海苔、爬山」便當。其實，「海苔、爬山」便當是我們公司長年講究「海苔便當」而企畫出來的便當品牌，已於二〇一二年九月起成為「日本航空」的飛機餐。今天，我就做出這款「海苔、爬山」便當的陰陽版。光用糙米的話，我覺得難以下嚥，所以加了一點糯米；而為了讓鋪了二層的海苔更容易吃，特別在海苔上劃出切痕。希望大家能感受到這款便當的用心。

1

2

1. 大顆酸酸甜甜的梅乾。用芝麻油煎，再用八丁味噌、生薑調味的「嫩煎牡蠣」。用昆布香菇高湯、蔗糖、醬油、味醂合煮的「高野豆腐」。用大蒜、芝麻油煎過，再用醬油調味，然後撒上太白粉油炸的「炸牛蒡」。其餘還有韓式拌青菜、大頭菜的甜醋漬等。海苔和飛機餐一樣，都是使用愛知縣三河產的海苔。為了不讓海苔黏在盒蓋上，特別用刷子刷上醬油，可謂用心良苦。／2. 便當盒很簡單。這是一款爬山時特別想吃的便當，因此取了「醬油、海苔、爬山」這個名字。

87

黑白棋便當

藤井愛子（公司職員）

1

3

2

從「陰與陽」連想到「表裡一體」、「黑與白」，因而做出這款「黑白棋」便當。木盒裡用焊槍焊出棋盤線條。1. 糙米雜糧飯配白芝麻 × 加了糯麥的白飯配黑芝麻。／2. 醬拌菠菜捲 × 玉子燒。／3. 白味噌口味的烤芋頭 × 紅味噌口味的烤芋頭。用味醂稀釋味噌後，塗在蒸好的芋頭上面再烤。

1

2

⑧⑧ 黑白包子便當

荒卷洋子（特約編輯）

取「太極圖」的意象，在圓形蒸籠裡放入黑白兩色的中華包子，表現出「圓形裡相反的兩個物品」。白色包子裡包的是鹹的肉餡，黑色包子裡包的是甜的豆沙餡。1. 將絞肉、胡椒、酒、薑汁、醬油、蠔油、蔥末、芝麻油等拌勻，做成肉餡，然後包進包子裡，蒸熟。／2. 將黑巧克力揉進麵糰，做成黑色麵皮的甜包子。

89

「東洋與西洋」便當

柴田智子（插畫家、設計師）

東洋＝影（陰）VS 西洋＝光（陽）。安土桃山時代已受到西洋文化的影響，而豐臣秀吉的黃金茶室堪稱這個時代的代表性建築物。這款便當便是以黃金茶室為意象，做出白與黑、白與紅的效果。1. 白：鮮蔥、鮮紅蔥頭、醋漬蓮藕、芝麻豆腐。紅：醋漬紅蕪菁、紅甜椒、紅辣椒、蘋果、醋拌章魚、紅豆飯等。／2. 白：吐司、奶油。黑：豆沙餡、黑豆、橄欖、帶枝的乾莓果等。放進外型樸素簡單的盒子裡。

1

2

1

2

3

⑨⓪「陰、陽、中庸」便當

板橋靜香（企畫事務員）

依顏色來選擇食材，如：陰為綠、中庸為白、陽為紅和黃，製作出這款獨創的便當。1. 陰：山茼蒿蘿蔔蘋果捲、水芹紫洋蔥烤香菇沙拉、烤長蔥拌味噌美乃滋等。／2. 中庸：用蛋白煎成薄蛋皮，再做成茶巾壽司（裡面是羊栖菜飯）。／3. 陽：炒牛肉和番茄乾和松子、用肉桂粉炒南瓜和甜椒、生火腿捲金時胡蘿蔔等。用透明的 CD 盒作為便當盒，各種顏色一目瞭然。

⑨① 「月亮、地球、太陽」便當

竹本真梨子（公司職員）

1

2

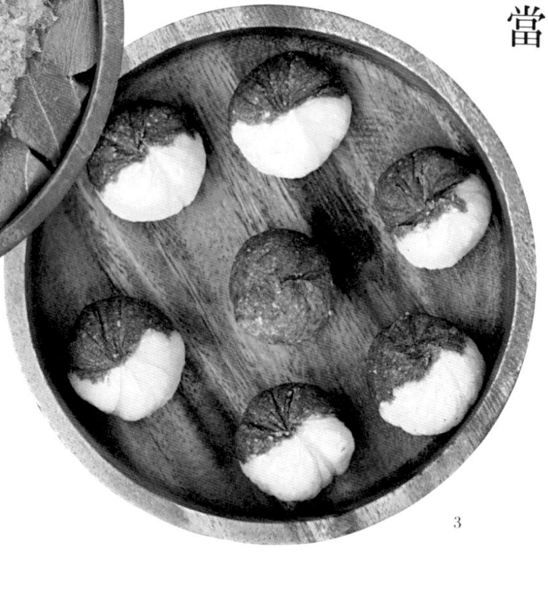

3

從陰與陽，到月亮的陰晴圓缺。將來，我想藉這款便當教孩子月亮、地球、太陽的關係，也讓他知道外婆的料理味道。1. 鮭魚西京燒、芋頭煮花枝、玉子燒、甜醋漬大頭菜、黑豆等數款傳承自家母的好味道。／2. 壽司飯上放滿鮪魚、魚鬆、飛魚卵，表現出太陽的意象。／3. 以月亮和地球為意象做成的地瓜茶巾點心（黑色是加了黑芝麻糊，綠色是加了抹茶）。

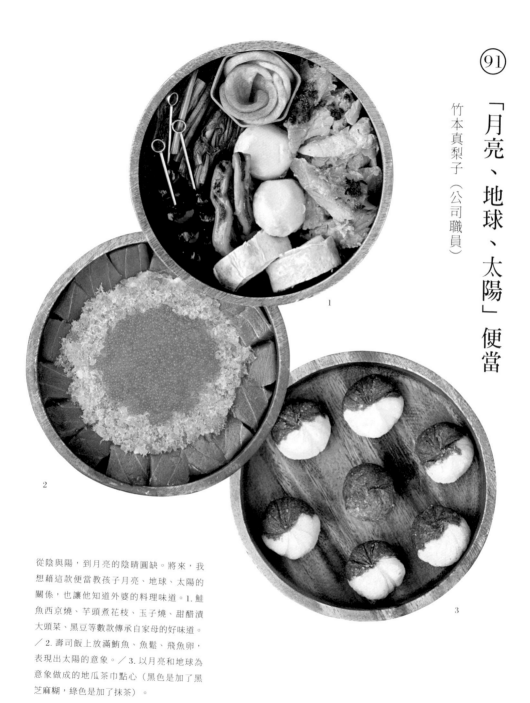

⑨② 「太陽與大地」便當

大谷尚史（公司職員）

使用葉子也能吃的根菜做成的便當，散發大地感。右為大頭菜、中央是胡蘿蔔、左為蘿蔔。全部都是用鋁箔紙包起來烘烤，再和奶油、鮮奶油混拌成果醬狀，裝進容器裡（大頭菜用薑黃拌成黃色）。大頭菜上面放雞肉凍、胡蘿蔔上面放紅酒燉牛筋、蘿蔔上面放豬肉醬，最後分別擺上各根菜的葉子便大功告成。裝著玻璃容器的壓克力盒購自「東急手創館」。為製造大地的感覺，壓克力底部鋪滿鹽巴。

御便當圖鑑 07

【圖畫般的便當】

93 碎豆腐的四色便當

吉村千惠（經營咖啡廳）

利用將食材依陰陽順序重疊起來的「陰陽重疊煮」手法，再稍加改編成這款「碎豆腐的四色便當」。糙米加點醬油煮成櫻飯*，上半部鋪上山椒小魚、豆腐瀝除水分後下鍋乾炒而成的碎豆腐。下半部鋪上用味醂合煮的乾香菇和牛蒡、胡蘿蔔絲、蒸煮荷蘭豆。最後擺上甜醋漬生薑。

*註：煮好的飯會帶著淡淡櫻花色，因而得名。

94 英國國旗的千層便當

石原由起子（作家）

1

2

透明盒（其實是昆蟲盒）中，將醋飯、玉子燒、四季豆、肉鬆、小鯽魚、小鯛魚、醃漬紅肉魚、明太子、小沙丁魚、小黃瓜，一層一層疊起來，做成千層便當。1. 翻面，底部是英國國旗。紅色是飛魚子，白色是炒蛋白，藍色是醃茄子。／2. 最上面是將挾在醋飯之間的配料排成條紋狀。

95

彩色小球與白色便當

竹本真梨子（公司職員）

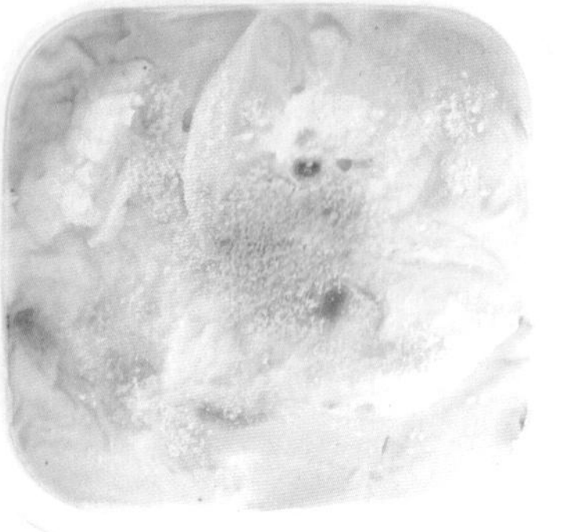

1

2

1. 焗烤雞腿佐洋蔥佐通心粉。／2. 醃番茄、鮭魚佐奶油起司、玉子燒、培根蘆筍、葡萄、紫心地瓜茶巾點心等，全部做成大小形狀均等，再美美地擺進容器裡。圖 1、2 的容器皆為「野田琺瑯」。

1

2

3

⑯ 海洋便當

友次陽子（平面設計師）

這款便當呈現的是，夏天與友人在海灘時所看見的閃耀光景。1. 用韓式海苔和紫蘇捲起拌入茗荷與毛豆的白飯。／2. 蓮藕鑲肉、鱈魚拌豆腐炒苦瓜等共九種菜餚。／3. 彷彿夏季海洋般的牛奶凍。

97

庭園便當

家入明子（主婦）

左上起為：飯、奶油嫩煎蘆筍、蛋白與蛋黃分開煎的蛋皮（蛋黃切細，用蛋白捲起）、紫蘇肉丸、羅勒煎南瓜、火腿捲菠菜、迷你番茄，將這些配菜排成一幅畫。便當盒是「野田琺瑯」的保鮮盒。

98

「柳橙」便當

中田美緒子（公司職員）

為重現客座講師小山薰堂的公司「ORANGE AND PARTNERS」的商標，特別做出這款「柳橙便當」。1. 肉捲甜椒、鮭魚捲奶油起司、醃甜椒和罐頭鮪魚、半熟的調味蛋、胡蘿蔔炒明太子、糖漬胡蘿蔔等，以「橙色」為題的八種配菜。／2. 將加了鮭魚和蘑菇的炊飯整理成圓型，用鮭魚子排成商標模樣。

1

2

99「原型」便當

向井 知（自由業）

我認為自然的形狀最美，因此做出這款呈現食材原型及天然色彩的便當。1. 醋漬番茄與蘿蔔。其餘蔬菜只是蒸熟，再簡單撒上鹽和胡椒。／2. 白米加糙米，做成醋飯，再拌入切碎的甜醋薑和山芹菜，撒上白芝麻。

1

2

⑩⓪ 格紋便當

小西真理（藝術總監）

為了表現格紋之美，便當盒也刻意選擇正方形，。紅＝超迷你番茄，橙＝鹽味鮭魚，黃＝玉子燒，黃綠＝蘆筍拌芝麻，綠＝涼拌茼蒿，紫＝醋漬紫高麗菜，褐＝雞肉鬆，黑＝煮羊栖菜，飯則是放入糯米炊煮好後再攪拌鬆開，放入便當盒後，可以直接用筷子拿起整塊呈正方型的飯，不會變形。

「看起來好好吃」的價值

起初，「山坡俱樂部」（Club Hillside）找我辦料理教室時，我心想我又不會做料理，這太難了，但靈機一動，如果是便當就沒問題。雖然我從沒做過便當，但我覺得「便當」這東西不只是製作而已，它還有與人分享、交換的意味，而且製作的人、吃的人，全都不是料理行家。

每次上課時，我都會發下左邊那張圖，向大家說明：

「便當是媽媽為了孩子每天持續早起製作的、充滿毅力與愛心的結晶。此外，運動會時爸爸為孩子做的、觀賞歌舞伎表演於換幕時吃的，以及公司於開會時準備的，也都是便當，因此，吃便當的場合非常多，我將這些場合，用日常與活動、自己與他人這四項主軸整理成象限圖。不論哪種場合，都是吃便當，沒有特別優越之處，因此不必否定其他情況，只要享受當下即可。此外，這裡雖稱為「教室」，但並不是教大家如何做便當的地方，請大家自行感受，擷取想學習的部分。

事實上，學員帶來了各式各樣的便當，且第一場就給了我一大衝擊。有一位大叔說：「我用『東京湯儲』（Soup Stock Tokyo）的湯，再配上便利商店買來的熟食，做成這個便當。」我正不知如何反應時，他繼續說：「我有糖尿病，必須控制熱量，自己做的話，沒辦法計算熱量，但便利商店的熟食都有熱量標示，很方便。」原來如此，我才知道並不是非得要手工製作才稱得上了不起。

接下來，各方面都輕易地超乎我的想像。

首先是學員們的便當水準高到不行！每一場講師帶來的便當果然不同凡響，拜此之賜，大家的便當愈來愈有深度了，每次一打開盒蓋，就是「哇～哇～」讚歎聲連連。

友里的便當都是家常料理，但有她獨特的品味，帶領我們進入另一個世界。

KIGI帶來的藝術便當，美得令大家甘拜下風。他們的便當裡除了充滿美的意識，還有一種慎重感。

皆川先生的便當盒是特別訂製的俄羅斯娃娃套盒，非常獨特，誠意十足。

從法國凱旋歸來的松嶋先生，其實對日本的狀況常感憂心，但是當天，他看到眾人對便當的態度、聽到眾人對便當的說明，乃至製作時的下刀方法、一絲不苟的認真態度，深受感

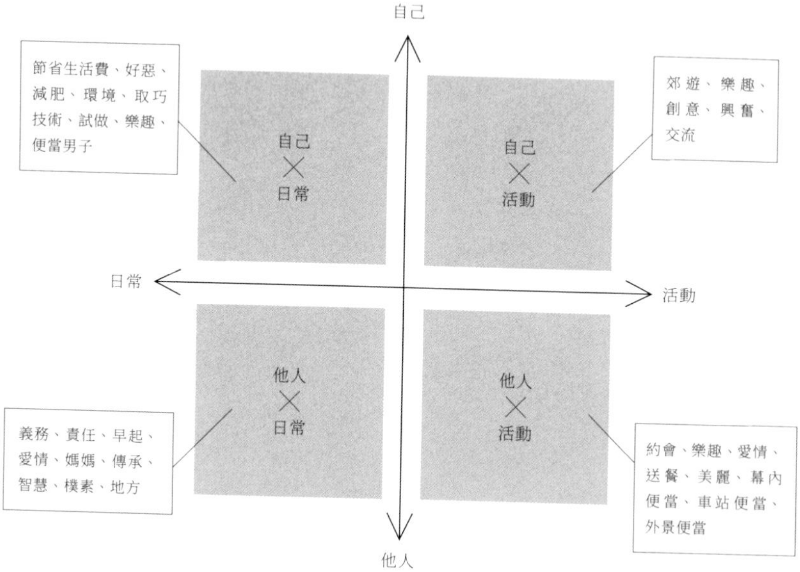

以日常與活動、自己與他人這四項主軸整理出來的象限圖。

動地說：「大家太棒了，真想讓外國人看到這些便當。看來我不須擔憂日本的未來！」為眾人加油打氣。

儘管小山先生把這件事當成今年最傷腦筋的事，他依然不改其志，做出來的便當非比尋常。不讓便當僅止於便當，而是充滿了玩心。

辻先生拿下眼鏡，逐一凝視便當的身影，叫人感動不已，真是太謝謝他了。我說：「做這些便當的人全不是專業料理人。」他回答：「怎麼會呢。」嗯，他說得一點都沒錯，我這麼說太失禮了。

佐藤先生則讓我見識到，他的設計與為人，乃至對便當的思考、真摯的態度與實踐力，全是一致的。

負責此系列講座的工作人員，於過程中不斷調整做法，力求盡善盡美，大家相處十分融洽。

還要感謝「文藝春秋」出版社的井上敬子小姐，她將成果出版成書，我們因而有了發表的舞台與責任。

而與學員們成為好朋友更是一大收穫。我們還相約到河口湖遠足、烤披薩，留下難忘的回憶。

講師與我每次都會選出三個便當，挑選的標準是主題切合度、印象深刻度等，但我心中總是不知不覺地傾向那些「看起來很美味」的便當。

於是，我發現到「看起來很美味」這個價值。

藝術、音樂、戀愛、資產負債表裡都找不到的「看起來很美味」這個價值。

這些便當，都是大家即使加班到深夜、孩子哭鬧不休之餘，依然用心製作出來的便當，不得不做的便當。

如何？若你看到這本書，覺得「看起來好好吃喔！」，那就太棒了。

現在，輪到你來製作「看起來很美味」的便當了。

因為「看起來很美味」，味道絕對不會差！

遠山正道

關於「山坡俱樂部」

「山坡俱樂部」是打造「都市中的『聚落』——城中村代官山」的一個平台，二〇〇八年四月於涉谷的住辦混合區「山坡露台」（Hillside Terrace）成立，採會員組織方式，主旨是將不同地域、世代、類別的人輕鬆地聚在一起，創造豐富的交流與活動，經常舉辦講座、研討會、學校、展覽會、音樂會、市集等多樣性的活動。

http://clubhillside.jp

參加學員

H. Ajith Perera、赤澤佳香、荒巻洋子、家入明子、池田佳奈子、池水美都、生駒夕紀子、石原由起子、泉祥子、板橋靜香、伊藤維、內山美惠、大谷尚史、小倉英惠、尾崎博一、海木渚、河村春菜、小西真理、小林純子、小堀紀代美、小山千春、近藤千尋、坂本和加、佐藤圭、佐藤裕貴、鹽原信夫、柴田智子、柴田春菜、清水敬輔、鈴木靖子、相野谷美理、高橋奈水子、竹本真梨子、館野由紀子、塚崎愛、津久井俊行、坪井綠、寺田愛、寺脇加惠、東條惠美、鵜巢順子、友次陽子、中島泉、中田美緒子、奈良由紀子、橋本美奈、長谷川直美、原口奈奈子、Hillside Pantry 代官山、藤井愛子、牧野玲子、松井彩加、宮川惠、向井知、山神明子、山田紀子、吉村千惠、與田良介、米田真理子

遠山正道＋美味教室委員會

遠山正道：一九六二年出生於東京都，慶應義塾大學畢業。一九八五年進入三菱商事公司服務，一九九九年開設「東京湯儲」（Soup Stock Tokyo）一號店後，二〇〇〇年創立三菱商事第一家社內創投公司「微笑」（Smiles），擔任社長。目前旗下有「東京湯儲」、領帶品牌「giraffe」、新型回收商店「接力棒」（PASS THE BATON）、甜甜圈專賣店「COCO DONUT」、時尚品牌「mypanda」。

美味教室委員會：二〇一二年六月至十二月，於「山坡俱樂部」舉辦、由遠山正道主持的「美味教室」的參與人員，包括客座講師野村友里、KIGI、皆川明、松嶋啓介、小山薰堂、辻義一、佐藤卓，以及「微笑」、「山坡俱樂部」的員工等。

想讓你看見的100個便當

作　者— 遠山正道、美味教室委員會
譯　者— 林美琪
主　編— 林憶純
責任編輯— 林謹瓊
美術設計— 張　嚴
行銷企劃— 王聖惠
董事長、總經理— 趙政岷
第五編輯部總監— 梁芳春

出 版 者— 時報文化出版企業股份有限公司
一〇八〇三台北市和平西路三段二四〇號七樓
發行專線—（〇二）二三〇六—六八四二
讀者服務專線—〇八〇〇—二三一—七〇五
（〇二）二三〇四—七一〇三
讀者服務傳真—（〇二）二三〇四—六八五八
郵撥—一九三四四七二四時報文化出版公司
信箱—台北郵政七九～九九信箱

時報悅讀網— http://www.readingtimes.com.tw
電子郵件信箱— yoho@readingtimes.com.tw
法律顧問— 理律法律事務所　陳長文律師、李念祖律師
印　刷— 詠豐印刷有限公司
初版一刷— 二〇一七年八月
定　價— 新臺幣三五〇元
（缺頁或破損的書，請寄回更換）

時報文化出版公司成立於一九七五年，
並於一九九九年股票上櫃公開發行，
於二〇〇八年脫離中時集團非屬旺中，
以「尊重智慧與創意的文化事業」為信念。

國家圖書館出版品預行編目（CIP）資料

想讓你看見的100個便當 / 遠山正道，美味教室委員會著；林美琪譯. -- 初版. -- 臺北市：
時報文化，2017.08　面；　公分　　譯自：見せたくなるお弁当100
ISBN 978-957-13-7081-1(平裝)
1. 食譜
427.17　　106011870

Photographs by FUKANO Miki, SUZUKI Nanae, NAKAI Nao
Editorial Assistance by MATSUURA Akira (edible.)
Thanks to Smiles Co., Ltd. (UEMURA Takayuki, UEMURA Aiko, OOKI Izumi, KASAHARA Hiroo, KITAYAMA Rumi, KOORI Atsuko, KOBAYASHI Kazunari, TAMAKI Junko, HIRAI Toshiaki, HOSHI Kumiko), Club Hillside (KIKUCHI Mami, SAITO Koichi, NISHIMURA Mika, MAEDA Rei)